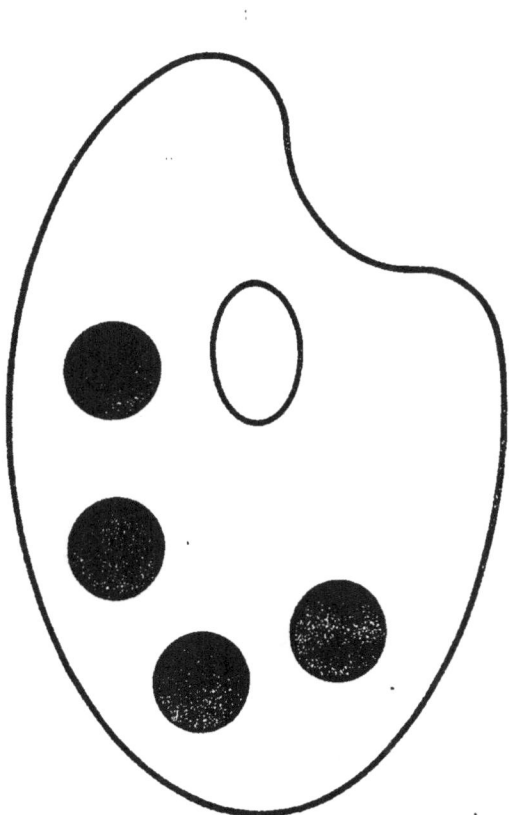

L'ABBÉ LUCIEN VIGNERON

SEM, CHAM ET JAPHET

VOYAGE

DANS TROIS PARTIES DU MONDE

Alfred Mame et Fils
Éditeurs
Tours

SEM, CHAM ET JAPHET

—

2. SÉRIE IN-8o

Milan.

L'ABBÉ LUCIEN VIGNERON

SEM, CHAM ET JAPHET

VOYAGE

DANS TROIS PARTIES DU MONDE

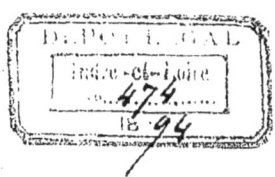

TOURS

ALFRED MAME ET FILS, ÉDITEURS

M DCCC XCIV

A. MONSIEUR

L'ABBÉ EMMANUEL MARBEAU

CURÉ DE SAINT-HONORÉ-D'EYLAU

HOMMAGE

DE PROFOND RESPECT ET DE FILIALE AFFECTION

JAPHET

LE PAYS DES MONTAGNES VERTES
ET LE PAYS DU CIEL BLEU

I

Costume et équipement. — Où faut-il aller ? — Wagons suisses et autres. — *Funiculi, funicula.* — Les Riz et les Pruneaux. — Dans la pleine campagne. — Dangereux voisinages. — Sonnez, cloches !

Si je conseillais de voyager en Europe, je dirais toujours : Allez en Allemagne ou en Italie; il n'y a que ça! Et pourtant j'ai fait de jolis voyages ailleurs. Quand on voyage, il faut partir léger et court vêtu, comme la Perrette de la Fontaine; sans cela on risque fort d'avoir de gros tracas. Pas d'*impedimenta*; un parapluie, un pardessus, un petit sac, avec, si l'on veut, un nécessaire de toilette. Vous laissez le plus possible votre valise à la consigne et vous sortez de la gare librement pour chercher votre hôtel, sans avoir besoin de recourir aux garçons obséquieux, à casquettes galonnées, qui sont maintenant la plaie des voyageurs, eux et leurs collègues en habit noir. Heureux serez-vous si vous leur échappez quelquefois; mais l'auberge des anciens jours, l'auberge à la vaste cuisine, au feu flambant, le gros maître d'hôtel à la face bourgeonnante et apoplectique, les petites servantes qui plument des poulets devant vous, tout

1*

cela n'est qu'un mythe par le temps qui court. Les aubergistes veulent que leurs maisons prennent des airs d'hôtels; adieu la poésie! tout aux habits noirs! Vous les payez et vous vous en passeriez bien.

Maintenant mettez toujours un peu de campagne dans votre itinéraire. Mon Dieu! il y a tant de poussière dans les wagons qu'il est inutile d'aller ramasser celle des trottoirs et des places publiques. Un peu de vert est si reposant! le bon air de Dieu est si vivifiant! Pas trop de musées non plus. Si c'est la Pinacothèque de Munich ou le musée d'Anvers ou d'Amsterdam, je ne dis pas; on se met en voyage exprès pour aller le voir. Et Florence, et Rome, et Naples donc! Mais vous m'avez compris.

J'ai commencé mes excursions en Europe par la Suisse classique. Il faut la voir une fois et puis la laisser aux Anglais et aux grosses bourses : depuis longtemps la Suisse est gâtée, c'est le pays par excellence des habits noirs; on en rencontre sur les pics les plus élevés. Du reste, que vous alliez en Allemagne ou en Italie, vous passerez inévitablement par la Suisse. Quand vous y aurez été exprès une fois, ne vous donnez plus la peine d'y retourner : vous êtes destinés à revoir Bâle, Lucerne et Zurich vingt ou trente fois dans votre vie.

Bâle est une ville allemande; on y parle allemand, on y voit des *Bierhalle* partout : la bière n'y est pas fameuse, à moins que ce ne soit de la *Münchener-bier;* les étudiants, petits et grands, inondent la ville; les graves professeurs à lunettes d'or et le cigare à la bouche font rêver de Berlin. La cathédrale ou *Münster* est digne d'une visite. Il faut aller loger aux *Trois-Rois;* c'est cher, mais on a là une belle vue sur le Rhin, comme aussi de la place en terrasse de la cathédrale. Toute la vie de Bâle est concentrée sur le pont du fleuve qui relie le Grand-Bâle au Petit-Bâle.

En allant à Lucerne, vous ferez connaissance avec les wagons suisses. Les sièges sont de chaque côté de la voiture; un couloir règne au milieu dans toute la longueur et permet de circuler. Est-ce mieux que chez nous? Moi, j'ai usé et abusé de tous les genres de voiture; je ne trouve

encore rien de mieux que les wagons des chemins de fer de
l'État français, ceux qui circulent entre Paris et Royan sur
l'Océan. Une grande voiture avec cinq ou six compartiments,
un couloir latéral et deux W.-C. aux extrémités. J'ai aussi
vu ça en Autriche ; pour moi c'est l'idéal réalisé. Quand on
pense que nous sommes arrivés à la fin du siècle, qu'on

Bâle.

nous a inventé les téléphones, doté de la lumière électrique
et de tant d'autres choses, et qu'on n'a pas encore mis dans
tous les wagons un lavabo à jet continu avec tout ce qui
s'ensuit ! Entre les Goths et les Vandales et les conseils
d'administration des chemins de fer, je ne vois pas de différence, et les peuples endurent ce martyre ! Vive donc l'État
français pour les chemins de fer !

En arrivant à Lucerne le spectacle est féerique : un beau
lac bleu, encadré de montagnes grandioses, parmi lesquelles
se détachent, comme deux masses immenses, le Righi et la

Pilate. Les pentes sont couvertes de verdure, de prairies, d'arbres fruitiers, jusqu'à une certaine hauteur; puis surgissent les sapins; au-dessus des sapins la neige éternelle. C'est beau.

Des hôtels splendides entourent le lac; rien n'est aussi splendide que le *Grand Hôtel National* et l'*Englisherhof*; ces caravansérails ont plus d'aspect que ceux de Paris; il n'y a pas à dire, c'est ainsi; mais voilà précisément ce qui me gâte la Suisse.

Des bateaux à vapeur chauffent sans cesse, et d'heure en heure, aux sons d'une musique embarquée à bord, ils prennent leur vol, comme de beaux cygnes aux ailes déployées, sur l'azur des eaux. C'est peut-être encore un peu trop; cette ville suisse historique et sévère des Quatre-Cantons n'a pas besoin de cette mise en scène par trop anglaise ou italienne, et l'ombre du vieux Guillaume doit frémir d'indignation à ce spectacle. Je vous le dis, la Suisse est gâtée. Passez-y; n'y restez pas.

J'allai à Witznau, village situé au pied du Righi, pour faire l'ascension du célèbre pic. Le Righi, que tout le monde connaît, est situé entre les lacs de Zug, de Lucerne et de Lowers; il a dix lieues de circuit à sa base; sa longueur est de cinq lieues; il a plusieurs cimes; la principale, le *Kulm*, a 1 800 mètres de haut. Voilà ce qu'il me faut escalader.

« Comment?

— En chemin de fer, tout comme le Pilate en face.

— Oh! les Anglais! »

Le train formé d'un seul wagon contient une cinquantaine de places; une petite locomotive de cent vingt chevaux le pousse à la montée et le retient à la descente; enfin, ce que tout le monde a vu ou verra; — mais j'écris un peu pour ceux qui verront. — Immédiatement au sortir de Witznau la montée commence. Le train se dirige d'abord contre une paroi verticale de roches, puis un tunnel et tout près un viaduc courbe en tôle, long de cent mètres, haut de vingt-cinq, au-dessus d'un torrent écumeux, viaduc reposant sur deux tréteaux en bois d'une égale grandeur, d'une légèreté légèrement américaine; on ne voit ça qu'entre New-York

Le chemin de fer du Righi.

et Montréal ou Chicago et San-Francisco. Je ne sais pas si on a changé ces œuvres d'art, je vous donne les souvenirs d'il y a plusieurs années ; en tous les cas ça vaut la peine d'être vu, et du coup on a une idée déjà très complète de la Suisse et de ses accidents de terrain.

La vue s'étend grandiose sur le lac.

Au bout de quelques minutes nous sentons un vent glacial qui vient nous caresser la figure et nous faire boutonner nos paletots. Quelques minutes encore et la verdure et les chalets disparaissent. Nous sommes complètement au milieu des neiges, qui forment des murs de deux ou trois mètres de chaque côté de la voie. — J'écris en juin.

Nous franchissons torrents et cascades, nous côtoyons d'affreux abîmes, des précipices de 800, 1 000, 1 500 mètres de profondeur, et enfin, gelés et transis de froid, nous sommes au sommet du Righi, devant un... hôtel de premier ordre. Satanés Anglais !

C'est un panorama admirable, un des plus beaux de la chaîne des Alpes. Lacs, montagnes, vallées, chalets, villages, sapins, neiges, glaciers : on a de tout cela à souhait. Mais qu'il fait froid ! Je cours m'enfermer dans une chambre jusqu'au dîner. Je n'ai pas vu malheureusement ce qu'a vu Daudet, la table partagée en deux camps, les Riz et les Pruneaux se jeter des regards féroces ; non, je ne l'ai pas vu et je le regrette. Tout le monde réservait son air farouche pour les plats qu'on apportait et qui étaient aussitôt dévorés. Après, les figures se détendaient ; le contentement, la joie et la paix régnaient dans toute la ménagerie, — je veux dire la salle ; — les boas constrictors digéraient avec satisfaction, puis ils allaient se rouler dans leurs couvertures : il faut croire que j'étais un serpent bien frileux, il m'en fallut quatre pour sentir un peu de chaleur et dormir.

Quant au *Ranz des vaches*, qu'on joue à la pointe de l'aube, dans la trompe d'Uri, oui, je crois bien que j'ai entendu quelque chose comme cela, un grognement sourd et prolongé ; mais le lever du soleil, mes amis, c'est un leurre. Le lendemain matin, je n'ai aperçu que tempête, vent, pluie et brouillard. Avis aux amateurs.

Je voulais descendre à pied; force m'a été de reprendre mon wagon. Nous étions une dizaine là dedans; j'avais pour voisin un officier prussien qui voulait faire de la politique; il en a été pour ses frais. Je gelais, j'étais muet comme une carpe, pas à mon aise.

Je descends à Goldau, village construit sur les chalets détruits en 1806 par l'éboulement du Rossberg, qui glissa dans la vallée et la transforma en un affreux désert. A Goldau je déjeune dans une auberge :

« *Haben sie etwas um zu essen?*

— *Wir haben Eier, kaltes Geflügel, Käse und Früchte.*

— *Das ist gut für ein Frühstück. Es ist mir ganz gleich. Geben sie mir ein kleines Stückchen.* »

Et la conversation continue sur ce ton : « Cela m'est égal, donnez-moi un petit morceau, de la volaille, des œufs, n'importe quoi. » Dame, vous savez, quand on voyage, il n'est pas nécessaire de connaître à fond une langue, mais vous ferez toujours plaisir aux gens en leur disant quelques mots; vous vous ferez plaisir à vous-même et vous ménagerez certainement vos écus, croyez-moi.

« *Nicht mehr?*

— *Nicht mehr!* »

C'est fini. Je regarde les murs de la salle à manger : ils sont tapissés d'images religieuses : le Sacré-Cœur, la Vierge d'Einsiedeln (Notre-Dame des Ermites). L'église était tout proche, j'allai la visiter; c'est là que je vis la plus formidable des serrures de porte, et avec des rouages si compliqués que je lui attribuai du coup plusieurs centaines d'années d'âge.

Je loue une voiture qui me transporte sur la route nationale de Schwitz à Einsiedeln et me dépose à Sattel. Toutes ces localités de montagnes se composent d'une église, d'une école, d'un presbytère et d'une auberge, et puis c'est tout; le reste du village est dispersé sur les hauteurs, dans les vallons, un peu partout. Cet éboulement du Rossberg, on n'y peut songer sans frémir! Voilà de paisibles paysans qui vivent heureux et tranquilles comme dans l'âge d'or; tout à coup, une masse énorme, longue d'une lieue, large de trois cents mètres, épaisse de trente-deux mètres, s'incline, tombe et écrase quatre riantes petites agglomérations. Le lac de Lowers fut diminué d'un quart par cette horrible catastrophe. On ne comprend pas comment on peut habiter dans ces pays fertiles en accidents si affreux. Et n'ont-ils pas aussi les avalanches si fréquentes en hiver, les glaciers et les précipices où le moindre faux pas met en péril de mort? L'homme se familiarise vraiment avec le danger comme avec la douleur; le paysan sicilien rebâtit stoïquement sa cabane, quand la lave de l'Etna l'a emportée; le pêcheur se loge au flanc du Stromboli : entre deux périls, l'eau et le feu, l'éruption et la tempête. Il faut bien vivre au risque de mourir.

Quand on attend une diligence pendant deux heures et demie, dans une salle d'auberge, on ne s'imagine pas ce qu'on peut boire de chopes et ce qu'on peut fumer de cigares; mes voisins m'effrayaient! Mais nous sommes en Suisse; le pays veut cela. Par la fenêtre entr'ouverte je voyais un joli paysage et j'examinais des scènes rustiques : de grosses vaches paissant dans la prairie, des tableaux faits pour Potter; des chèvres grimpant dans les sentiers rocheux :

Pendentem de rupe videbo.

Une source d'inspirations pour un poète en quête d'églogues. Chèvres et vaches sonnaillaient à qui mieux mieux des clochettes suspendues à leur cou; par instant les cloches du village voisin se mettaient à annoncer la fête du lendemain, la Fête-Dieu, qu'on célèbre ici le jour où elle tombe, et tous ces carillons me jetaient dans le pays des rêves :

Sonnez, sonnez, sonnez, cloches,
Sur terre on n'entend que vous !

II

Des fenêtres du *Pfauhof*. — La piété allemande à Einsiedeln. — Papillons et nœuds. — Musique allemande et cantiques français. — L'idéal du touriste et pas de l'Italien. — Petite leçon au roquet qui aboie derrière le gros dogue. — Un réfractaire à la polka. — Les sympathies suisses anciennes et nouvelles.

A Einsiedeln, j'allai loger à l'hôtel *du Paon* (*Pfauhof*), bien connu. On me donna une chambre au troisième, d'où je dominais la place de l'abbaye, l'abbaye elle-même et toute la campagne environnante. Au centre de la place, je voyais la fontaine sainte en marbre noir, avec ses quatorze tuyaux versant l'eau miraculeuse.

Il était neuf heures du soir; après mon dîner, je descendis pour aller faire une visite à Notre-Dame des Ermites. On sait que le couvent d'Einsiedeln a été fondé, au xe siècle, sur l'emplacement de l'ermitage de saint Meinrad, qui avait consacré sa vie à la garde d'une image noire de la Vierge. Les bâtiments du monastère actuel sont immenses. Au centre de la façade s'élève l'église à deux tours, avec la statue colossale de Marie. J'entrai et je vis immédiatement la sainte chapelle bâtie au milieu de la nef centrale et l'image célèbre.

Eh bien! ce n'est pas tant cette image que la piété qui l'entoure qui m'a frappé. Je parcourais l'église dans l'ombre; çà et là des groupes cachés derrière une colonne ou dans la demi-obscurité d'une chapelle, à genoux, récitaient tout haut leur chapelet ou chantaient un cantique. Chants si doux des pèlerins de l'Allemagne catholique, vous êtes bien faits pour pénétrer d'une étrange émotion, qui peut aller certainement jusqu'aux larmes! Je le dis sans honte.

J'ai visité bien des pèlerinages, en dépit du verset de

l'*Imitation* qui dit qu'on se sanctifie peu à pérégriner beaucoup : *Qui multum peregrinantur raro sanctificantur.*

Je n'ai pas vu Lourdes, mais j'ai été deux fois à Jérusalem, trois fois à Rome, plusieurs fois à Sainte-Anne d'Auray, une fois à Trèves, et j'oublie quelques sanctuaires de second ordre. J'ai bien regardé les pèlerins ; leur piété m'édifiait, mais la vivacité française apparaissait aussi parfois. En terre sainte, ils pouvaient commettre des imprudences ; à Rome, monter sur les incomparables tables en mosaïques de cet incomparable Vatican, pour mieux voir le pape et lui crier : Vive le pape-roi ! Cette affirmation est légitime ; le pape est satisfait qu'on reconnaisse et défende son pouvoir temporel, non qu'on détériore ses richesses artistiques.

Or les Allemands sont calmes, tranquilles, sobres de gestes et d'éclats de voix ; ils ont une piété reposée qui va droit au cœur et que j'aime ; leur piété est touchante, empreinte d'une certaine mélancolie douce, qui vient de ce qu'elle touche aux mystères redoutables de l'au delà de la vie ; je crois que c'est la vraie. C'est à Sainte-Anne d'Auray seulement que j'ai trouvé quelque chose d'analogue parmi les Bretons, les vieux Celtes ; mais la Bretagne n'est-elle pas une autre France dans la France ?

Donc j'aimais à les regarder, ces Allemands, et à les entendre réciter leurs Avé, le rosaire à la main, dévalant le long des routes qui amènent à Einsiedeln ; j'aimais à les voir envahir les confessionnaux, comme j'avais vu les Italiens faire à la *santa Casa* de Lorette, autre célèbre pèlerinage, ou à Udine, du côté de Venise, m'étant arrêté là un certain dimanche.

Le lendemain de mon arrivée, jour du *Corpus Christi,* affluence énorme devant la basilique ; malheureusement le temps était menaçant, la procession eut lieu à l'intérieur de l'édifice. Le père abbé la présidait ; on portait sa crosse devant le dais, les cent religieux bénédictins du monastère formaient un imposant cortège. J'eus là sous les yeux la collection complète des costumes de la vieille Allemagne : Alsaciennes, Bavaroises et Badoises, ayant sorti pour la circonstance leurs plus belles jupes et leurs plus beaux papillons. Certains papillons badois déployaient des ailes invraisemblables; comment peuvent-elles se tenir si rigides? c'est le dernier mot de l'art que de nouer ainsi ces flots, ces coques et ces nœuds!

Je sortis un instant pendant la grand'messe; c'était au moment de l'élévation : quand la grosse cloche de cent vingt quintaux se mit à sonner, tous ceux qui se trouvaient sur l'immense place se découvrirent aussitôt et se prosternèrent respectueusement. Par exemple, je n'admire pas la musique sacrée; c'est un orchestre profane, c'est une musique de théâtre qui est installée dans les quatre tribunes d'orgues d'Einsiedeln : violons, violoncelles et contrebasses peuvent charmer des oreilles allemandes dans le lieu saint; nous ne sommes pas habitués à cela en France.

Dans l'après-midi, j'errais encore à travers l'église, où je revenais sans cesse, quand tout à coup j'entendis éclater en notes sonores et vigoureuses le chant si connu :

> Dieu de clémence,
> O Dieu vainqueur!...

Je m'approchai vivement de la sainte chapelle, et je vis cinq cents robustes gaillards de la Franche-Comté, conduits par cinq ou six prêtres en soutanes et en rabats, — les seuls que j'ai vus en Suisse. — J'interrogeai, et il se trouva que le directeur du pèlerinage français était le frère d'un missionnaire de Cochinchine, mort l'année précédente, et que j'avais connu en Extrême-Orient. L'abbé voulait absolument m'emmener à Pontarlier, mais je prenais précisément la route opposée.

En m'en allant du côté de Schwitz, je rencontrai deux bénédictins montés sur deux superbes chevaux noirs : j'avais eu l'occasion, du reste, de remarquer la splendeur de leur parc à chevaux. Ces deux religieux, graves, solennels, dominant tout du haut de ces nobles bêtes, firent passer devant mes yeux je ne sais quelle vision du moyen âge. Et vraiment ici rien ne rappelle que nous sommes plus vieux que cette époque-là...

Quel panorama que celui qu'on voit au-dessus de Schwitz, sur le Rossberg, le Righi et la vallée qui sépare ces deux montagnes! Comme les cimes du Mythen et du Hacken sont belles! *Mythen* veut dire « mitre »; *Hacken*, « pioche, » sans doute à cause de leur configuration; en Suisse, naturel-

Einsiedeln.

lement les montagnes affectent les formes les plus bizarres, il y en a tant et tant! C'est un chaos gigantesque de bosses et de mamelons verts et de pointes noires ou bleues.

Brunnen est le port de Schwitz sur le lac des Quatre-Cantons; me voici sur la jolie route Axeinstrasse, qui longe le lac jusqu'à Fluelen, percée de nombreux tunnels, l'eau à droite, la montagne à pic à gauche. Je rencontre des Italiens qui s'en retournent à Milan par le Gothard.

« *Come si va?* (Comment va-t-on?)

— *Non tanto bene. Molto de miseria!* (Pas trop bien; on est malheureux!)

— *Ma vedete come il paese e bello!* (Voyez pourtant quel beau pays!)

— *Bel paese, si! ma poco di soldi!* (Beau pays, sans doute, mais peu d'argent!) »

Les pauvres diables n'étaient guère touchés par les splendeurs de la nature; ils s'en allaient la bourse plate, ils ne voyaient que cela, eux. Misère ici, misère là-bas; car dans leur patrie ils n'ont rien, et sont pourtant écrasés d'impôts. Le gouvernement veut faire grand, ayant eu la sottise de se mettre à la remorque de l'Allemagne, pour acquérir un peu de la gloire dont celle-ci resplendit. Cela coûte cher, la gloire, *signori!* cela coûte toujours fort cher, qu'on l'acquière par les moyens violents ou non. Vous voudriez peut-être employer la violence aux dépens de ceux qui ont commis une autre sottise : celle de faire de vous un peuple uni. Attention! j'ai lieu de croire que, pauvre pot de terre que vous êtes, vous vous heurteriez au pot de fer. Oh! la France a du fer, oui, un fer bien aiguisé, et elle a de l'or. Vous, vous n'avez pas grand'chose.

Si vous prétendez acquérir de la gloire en vous plaçant aux côtés des Allemands, qui laisseront tomber sur vous quelques rayons, ils vous mèneront loin, et cela vous coûtera gros. Comment payerez-vous? O mes jolis petits officiers, à la casquette coquettement ornée de la couronne de Savoie et au pantalon bleu si gentiment collant, quelle différence entre vous et les rudes reîtres germains! ceux-ci ont les mains faites pour manier les lourdes épées des chevaliers du temps de Barberousse, et vos doigts délicats ne peuvent guère plus servir qu'à applaudir la *diva* à *San-Carlo* ou à la *Scala*, pendant que vous criez : *Brava! brava!* Non! non! vous êtes artistes, vous êtes gentils, vous êtes *galantuomi*, mais pas soldats. Marins, encore passe! pas soldats!...

Et toi, pauvre *contadine,* qui n'as ni sou ni maille, et te nourris volontiers d'un plat de macaroni ou d'une orange dorée, il ne te reste qu'une chose à faire, va, prendre la route d'Amérique, ton sac sur le dos, et aller moissonner dans le Far-West. Tu économiseras sordidement, en vrai méridional, comme un Chinois; tu ne dépenseras rien des quelques dollars que te donneront les Américains, tu rapporteras même dans ton sac le pain qu'on t'aura distribué, et tu seras pour cela aussi haï et méprisé que les Célestes; mais au moins tes enfants mangeront pendant qu'ils sont petits; quand ils seront grands, ils feront comme toi, ils iront mendier à l'étranger...

Il fait chaud, horriblement chaud; j'arrive à Fluelen au milieu d'un orage; les tonnerres, roulant d'échos en échos, font un bruit effroyable. J'ai marché pendant trois heures et attrapé un coup de soleil qui m'a pelé tout le nez; je ressemble à un de ces moines byzantins martyrisés par l'iconoclaste Copronyme; je me couche harassé et dors les poings fermés sur mon lit d'auberge.

Le lendemain matin, je pars à pied pour Altdorf, voir la célèbre statue de Guillaume Tell élevée sur l'emplacement où celui-ci tira sur la pomme placée au sommet de la tête de son fils. Est-ce histoire? Est-ce légende? Dans tous les cas, elle est touchante cette légende, et la cruauté de Gessler était bien tudesque. Les Suisses ont l'air de toujours garder rancune aux Allemands. Dans l'après-midi, je vais voir la chapelle de Tell, élevée sur un rocher qui s'avance dans le lac. C'est l'endroit où, dit-on, le héros s'élança hors de la barque dans laquelle le tyran le conduisait à son château de Küssnacht, pour l'y torturer à l'aise. De grossières peintures représentent sur les murs de la *Tellskapelle* les principales scènes de la vie du libérateur du pays.

Un bateau à vapeur me ramène à Lucerne, où je vais coucher dans un hôtel du premier ordre. Dix garçons en habit noir! De même que j'avais vu la statue de Siegfried à Altdorf, de même il m'a fallu voir le *Lion* de Thorwaldsen à Lucerne; j'aime cent fois mieux le *Lion* de Belfort; celui-

là au moins on le voit, et il a fière mine, lui aussi, du haut
de son rocher. Il se trouvait que le jour suivant était un
dimanche, et qu'on fit ici la procession de la Fête-Dieu ;
j'eus l'occasion de m'étonner devant de singuliers costumes
et d'étranges usages. Je vis de très vieilles femmes suivre le
dais, leurs cheveux gris ou blancs couronnés de roses. Rien
d'aussi drôle que ces rosières, qui portaient leurs couronnes
avec une candeur ! Les étudiants, en casquettes bleues, vertes
ou rouges, chantaient des hymnes au saint Sacrement; l'armée fédérale faisait la haie.

Je me décide à aller à Interlaken par Berne; il fait dans
le train une chaleur écrasante. J'arrive à Berne ce dimanche-
là; naturellement toute la population, en grande partie protestante, après le prêche, s'en va à la campagne. Dans le
wagon qui me conduit au lac de Thoune, on est entassé
comme des harengs dans une tonne. Je manque le bateau
qui doit m'amener de Thoune à Interlaken, et je fais connaissance de deux étudiants en pharmacie, qui me font mille
politesses. Nous nous arrêtons dans une auberge ; sous la
fenêtre, dans le jardin, un violon grince et des couples
tournent. Larges chapeaux blancs des Suissesses, corsages
de velours noir et chaînettes d'argent forment un tout si
séduisant, que mes deux étudiants ne peuvent plus résister.

« Allons, Messieurs, leur crie-t-on, un tour de valse ! »
L'occasion est bonne pour ceux qui n'en sont pas à leurs
premières armes; aussi les étudiants sont déjà dehors. Tant
pis pour le Français si peu chorégraphique ! A-t-on jamais
vu un touriste manquer une si belle occasion?

Je les attendis et leur offris à dîner; malheureusement
encore on vint me prévenir qu'un bateau allait partir pour
Interlaken; notre festin ne dura pas longtemps.

Les Suisses ont des sympathies pour nous; c'est certain.
J'oubliais de dire qu'en sortant de la gare pour aller au lac,
j'avais demandé mon chemin à un jeune sous-lieutenant
qui m'avait piloté très aimablement, et avait même voulu
porter ma valise : c'est presque excessif. Sans doute appar-
tenait-il à l'école militaire fédérale qui est à Thoune, la
même où Napoléon III fut élevé et devint, dit-on, un bon

officier d'artillerie, comme son grand-oncle. Dans les cafés
et autres lieux publics, on rencontre souvent deux tableaux
représentant l'entrée et la sortie de l'armée française, en
1871 : c'est intitulé *les Bourbakis;* on y voit la population
suisse fraterniser avec nos pauvres soldats, et leur apporter
toutes sortes de bonnes choses. Un cocher, un jour, me dit
en me montrant son cheval :

« Voilà un *Bourbaki.* C'est bon comme tout ce qui vient
de France. »

Nous sommes aimés malgré nos défauts; il faut le constater. Ils aiment aussi notre république, et ils nous veulent
républicains, non pas seulement les gens du commun, mais
les personnes sérieuses. On n'a pas idée comme ces descendants de Guillaume Tell aiment la forme de gouvernement
qu'ils ont adoptée; ils ne voudraient point de roi pour tout
au monde. Je leur disais :

« C'est peut-être parce que vous avez été battus à Marignan. »

Quelle bataille ! On ne sait qui on doit le plus admirer
des républicains vaincus ou du roi vainqueur. Les Suisses
attaquent les Français sans artillerie, sans cavalerie, avec
leurs seules piques et leurs seuls espadons. Le terrible
combat dure jusqu'au milieu de la nuit, et lorsque les ténèbres empêchent les adversaires de se poursuivre, chacun
conserve la position qu'il occupe, et François Ier dort sur
l'affût d'un canon. Le lendemain, la boucherie recommence;
enfin les Suisses lâchent pied.

Eh bien ! ils n'eurent pas de rancune. Le roi conclut avec
eux l'*alliance perpétuelle;* depuis cette époque, la Suisse
est restée l'alliée fidèle de la France. François Ier s'engagea
à leur payer chaque année une somme de sept cent mille
écus, à condition qu'ils lui fourniraient autant de soldats
qu'il voudrait. « Pas d'argent, pas de Suisses, » dit le proverbe. Le proverbe est un peu méchant; j'aime mieux cet
autre cri que les Suisses poussaient devant Lautrec :
« Argent, congé ou bataille ! » Et Lautrec les menait au
combat.

Les soldats de cette nation jouèrent un rôle très impor-

2

tant dans toutes nos guerres; ils se firent hacher sur les
marches des Tuileries dans la journée du 10 août; ils
montent encore la garde actuellement, dans leurs costumes
de Marignan, sur les marches d'un autre palais, et ils se
feraient hacher, si besoin était, pour ce roi qui s'appelle
Léon XIII.

Les Suisses nous aiment, je le crois, et ils n'aiment pas
les Allemands; ils l'ont prouvé récemment. Entre ceux-ci
et les Italiens, ils forment une puissante barrière qui s'op-
poserait à l'invasion. Sachons les ménager; ne soyons pas
trop exigeants pour certaines conventions commerciales, on
nous en sera reconnaissants quand le temps viendra.

III

Sur la route d'Interlaken au Staubbach. — Soupirs anglais et habits noirs
toujours. — Physionomie de Genève au physique et au moral. — Histoire
de deux messes. — Deux grands Génevois qui ne se ressemblent pas. —
La conquête évangélique du Chablais. — Fêtes d'enfants. — Dans les
gorges de Pfœfers. — Le chemin de fer du Gothard. — Un Anglais pas
content et qui ignore la topographie. — *Italiam! Italiam!*

Belle vue pendant toute la traversée sur les montagnes
du massif de la Jungfrau (la Vierge, la Jeune Fille); on
s'arrête à Dœrlingen et on prend le chemin de fer à deux
mètres du débarcadère; il vous conduit en cinq minutes à
Interlaken, avenue de beaux noyers, entre deux lacs,
bordée de magasins, cafés, hôtels, pensions. C'est dans cette
avenue que se presse la foule des élégants touristes, de ceux
qui logent dans les maisons où il y a des habits noirs. La
vue est admirable sur les glaciers et les neiges de la Jungfrau.

Je couche à Interlaken, et le lendemain je pars à pied
pour Lauterbrunnen. Il faut renoncer à décrire les splendides défilés de ces montagnes divines et classiques dans

lesquels je me suis engagé. Je cheminais le long de ces torrents qu'on appelle la Lutschine blanche et la Lutschine
noire, de ces bois de sapins, à la senteur exquise, et j'arrivai près de Lauterbrunnen, à la fameuse cascade du
Staubbach, qui tombe en poussière liquide de trois cents
mètres de haut. Je dînai dans une auberge située à la jonc-
tion des deux Lutschine, et j'arrivai enfin à l'hôtel de
l'Aigle, un hôtel de premier ordre avec vingt garçons en...!
Je crois bien que depuis ledit hôtel a flambé comme une
allumette; mais on a dû le reconstruire dans des proportions plus grandioses et y mettre cette fois quarante garçons et quarante... à queue de pie! Dans le jardin anglais,
à présent comme de mon temps, les Anglaises doivent se
promener en soupirant. Elles soupiraient après quoi...?
Sans doute après l'idéal révélé par les beautés d'alentour.
Oh! n'est-ce pas? *miss* une telle, avoir des ailes et voler
sur les glaciers, sur les neiges éternelles!... Mais les ailes
seraient trop lourdes pour vous. Ne regrettez rien; la Providence vous a bien dotées. L'Anglaise est une sylphide, un
souffle, une plume. Pas n'est besoin d'autres plumes.

Une petite fille qui n'était pas anglaise me conduisit
jusqu'au glacier de Grindelwald, et là deux hommes, les
pieds armés de crampons de fer, me prirent sous les bras
et me firent pénétrer dans la grotte de glace, où j'arrivai
en faisant des glissades, comme au beau temps de mes douze
ans, — que je ne regrette pas. — A droite et à gauche,
crevasses et précipices. Brrr! Cela fait froid!...

Quand on a vu les célèbres chutes du Giessbach éclairées
au feu de Bengale, on peut faire une croix : c'est déjà
joli. « En toutes choses, soyez incomplets, » disait un sage.
N'étant pas membre du club alpin et n'ayant aucun désir
de le devenir, je n'avais aucune raison d'aller exposer mes
jours dans de nombreux casse-cou : je revins à Thoune
pour aller à Berne.

A Berne, les rues sont bordées d'arcades comme la rue
de Rivoli; c'est, paraît-il, pour protéger les magasins contre
les neiges pendant l'hiver. Entre les arcades les petits
marchands établissent leurs boutiques; ç'a un faux air de

bazar et de juiverie orientale; seulement ici la chaleur, la poussière et les immondices font défaut, et on ne les regrette pas. Les chevaux boivent démocratiquement dans les fontaines publiques, au milieu des rues. La capitale fédérale, malgré ses arcades façon Rivoli, ne ressemble en rien à Paris; c'est encore le moyen âge, et le moderne palais du conseil fédéral ne m'a pas séduit outre mesure. Les restaurants sont généralement médiocres. Pour dix sous, j'entre dans un concert, où on me régale de la *Mère Angot*. Dans les rues et les cafés, les Bernois chantent en chœur des *lieder* allemands qui valent mieux, et puis il y a le costume des Bernoises qui a du cachet. Voilà mes impressions sur cette capitale.

Genève est une grande ville, française de mœurs et de langage, située sur un lac de toute beauté. Les ponts, les rues, les quais, la vue, tout est grandiose. On voit le mont Blanc du pont qui porte ce nom. Mais Genève est un carrefour où trois grandes routes aboutissent: celles de France, d'Allemagne et d'Italie; il y a donc un peu de tout dans cette ville. On y parle français, c'est vrai; mais une partie de ses quartiers, ceux du temps de Calvin, sur la rive gauche, a conservé quelque chose de la sombre austérité du réformateur. Ces quartiers-là ont l'aspect un peu bien allemand; je parle des lourdes maisons de la Treille et des clochers maussades de Saint-Pierre. Combien il est plus agréable de regarder les flots bleus du Rhône qui courent vers le beau pays de France, ou ces paysages presque italiens de Vevey, de Clarens et de Montreux, ce ciel nacré, ces sommets lumineux et cette nappe d'azur où les barques entr'ouvrent le ciseau de leurs voiles latines!

Voilà pour le dehors; quant au dedans, il y a autant de différence entre un Génevois huguenot et un paysan des Quatre-Cantons qu'on en peut imaginer. Lisez M. Victor Cherbuliez, il n'est pas tendre pour sa ville natale.

« Les Génevois, dit-il, accompagnent leurs qualités d'un travers qui gâte tout: ils aiment à percher. Oui, ils sont toujours perchés sur quelque chose; l'un sur ses aïeux, l'autre sur ses écus, celui-ci sur ses vertus, celui-là sur ses écrits. »

Interlaken et la Jungfrau.

C'est donc un peuple de perroquets. Moi, j'ai trouvé un de ces volatiles à la gare qui a été rudement grossier à mon endroit; j'avais une furieuse envie de le faire descendre de son perchoir.

On me montra aussi d'autres perchoirs; ce sont, hélas! les églises volées aux catholiques par les *vieux*. Ceux-ci font entendre un chant qui n'est pas celui du cygne, puisqu'ils n'ont pas envie de mourir et qu'ils sont solidement installés dans la place; c'est un chant de perroquet qui sonne faux aux oreilles du bon chrétien.

Je me rappellerai toujours une histoire qui m'a été contée dans le temps par mon propre père, honnête homme et bon chrétien s'il en fût jamais. Il arrivait dans Genève sans guère connaître la ville, et comme c'était un dimanche, il entra bonnement dans la première église venue qu'il rencontra sur sa route. On y célébrait la messe, et le prêtre qui était à l'autel n'avait rien d'extraordinaire dans son aspect. Tout à coup il éleva la voix pour chanter. Mon père ne comprit pas tout d'abord, puis distingua les paroles :

> Que votre nom soit sanctifié!
> Que votre règne arrive!

On chantait en français; seulement alors il comprit : il était chez les vieux catholiques! Il s'enfuit, épouvanté, après avoir éprouvé une étrange impression de malaise. Ils ont beau faire les malheureux, nous sommes trop accoutumés à notre vieux latin. Quand il n'y aurait que cette raison-là pour les fuir !... Puisqu'ils sont vieux ou se disent tels, pourquoi avoir pris le français?

A propos de messe il m'arriva, à moi, une autre aventure. J'avais pris le bateau à vapeur, précisément le *Mont-Blanc*, qui depuis a sauté en plein lac Léman, et j'avais été à Vevey, aux gorges du Chauderon, à Montreux. Je couchai dans cette dernière localité; et le lendemain matin, un dimanche, je sonnai le garçon pour lui demander où je pourrais aller célébrer la messe.

« Vous êtes catholique, monsieur?

— Mais parfaitement.

— Vous ne voudriez pas aller loin pour trouver une chapelle?

— Le moins loin possible, si vous voulez bien.

— Attendez, monsieur, tous vos désirs vont être satisfaits. »

Il alla vers une cloison de la chambre, où j'avais passé la nuit, enleva une grosse barre de fer qui fermait des volets : j'avais pris cela pour une porte condamnée entre deux pièces; pas du tout, c'était une fenêtre intérieure donnant sur une assez vaste salle où un va-et-vient commençait à s'établir. Un autel se dressait dans le fond; un sacristain y allumait des cierges; les fidèles prenaient place; un prêtre vint avec une chasuble, un calice et un servant. J'assistai à la messe du haut de la fenêtre de ma chambre de voyageur, avant de pouvoir célébrer moi-même. Il faut avouer qu'en Suisse on voit des choses curieuses.

C'est à la même époque qu'un prêtre ne pouvait traverser les rues de Genève sans être appréhendé au collet. Si un Français, par exemple, arrivant de Savoie, voulait se rendre en Franche-Comté vêtu d'une soutane, deux gendarmes se détachaient de la caserne et venaient se mettre à droite du pauvre abbé pour l'accompagner à la gare et l'empêcher de circuler dans la ville. J'ai prouvé ailleurs [1] que les persécuteurs du conseil général et du conseil cantonal n'avaient pas, dans leur haine sectaire, négligé de faire des sottises. Généralement, dans toute persécution, il y a un côté triste et un côté comique; mais les rieurs ne sont pas toujours du côté du plus fort.

Autre chose drôlatique. C'est encore à Genève que je vis un temple maçonnique transformé en église du Sacré-Cœur et que j'assistai là, un soir, à la bénédiction. On m'eût dit que l'on avait changé une église en loge, je n'eusse point été étonné; non, c'était le contraire; il fallait se rendre à l'évidence.

Du reste, regardez les personnages à Genève. Est-il possible, par exemple, de rencontrer un type plus renversant

---

[1] *Au delà du Rhin;* Paris, 1892.

Genève.

que ce Jean-Jacques? Tour à tour horloger, laquais, musicien, secrétaire d'ambassade, écrivain, philosophe, Arménien et fabricant de lacets, il est réellement vertigineux, cet homme, sans compter qu'il nous promène à sa suite à travers toute l'Europe, ne se trouvant bien nulle part et s'établissant partout. Les Génevois, toujours bizarres, n'ont pas manqué de jeter leur grand homme à la porte et de faire brûler son *Émile* par la main du bourreau devant l'hôtel de ville; puis ils lui ont élevé une statue dans l'île qui porte son nom, près du pont des Bergues.

Combien je lui préfère cet autre Génevois qui s'appelle François de Sales ! Celui-ci est plus grand encore par sa charité et son zèle que par son nom et sa situation. Ce n'est pas tant l'évêque et le gentilhomme que j'admire que le missionnaire et l'apôtre.

Naturellement j'allai à Thonon; c'est une station indiquée dans une course autour du Léman. Thonon est une ville de cinq mille habitants, chef-lieu d'arrondissement de la Haute-Savoie, très pittoresquement étagée au-dessus du lac. Ancienne capitale du Chablais, les ducs de Savoie y résidaient. En sortant de la petite cité, on s'enfonce dans le Chablais; on monte au château des Allinges, au milieu d'une délicieuse campagne, et on voit le vieux missionnaire chargé de la garde du château. Tout ici est plein du doux saint qui évangélisa ces contrées.

Il arrive avec son cousin Louis de Sales sur la frontière du pays; aussitôt il se jette à genoux pour implorer la bénédiction de Dieu, puis il dit : « Il me vient une pensée, nous entrons dans cette province pour y faire les fonctions des apôtres; si nous y voulons réussir, nous ne pouvons trop les imiter. Renvoyons nos chevaux, marchons à pied et nous contentons, comme eux, du nécessaire. »

Ainsi font-ils, et ils arrivent à pied au château des Allinges. Le gouverneur, un ami des de Sales, les fait monter sur une plate-forme d'où on découvrait tout le pays. François alors remarqua de tous côtés des églises abattues, des monastères ruinés, des croix renversées, des villes, des bourgs et des châteaux détruits, suite funeste de l'hérésie et de la guerre,

qu'elle avait attirée en cette belle province. Il pleura
comme un prêtre; mais il se mit de suite à la besogne
comme un homme.

Il commença par Thonon, après avoir converti la garni-
son des Allinges; tous les jours il partait pour la ville avec
un sac qui contenait une bible et un bréviaire; il allait à
pied, un bâton à la main, et faisait encore, le soir, deux
grandes lieues pour venir coucher au château. Il portait
des bottes, les cheveux courts et la barbe touffue comme
c'était la mode, et il s'habillait comme tout le monde. Cela
servit à lui donner entrée chez plusieurs calvinistes, qu'il
ramena dans le giron de l'Église. D'autres missionnaires
qu'on lui donna comme coadjuteurs dans la suite, ayant
négligé cette précaution, eurent bien des difficultés à sur-
monter. Cette bagatelle du costume est pourtant fort importante souvent, surtout en un pays de mission; aussi François
disait :

« Il ne doit pas être indifférent de s'attacher obstinément
à la pratique des choses indifférentes, lorsque le prochain
ne les regarde pas avec des yeux indifférents. »

Cependant le saint avait lui-même de sérieux obstacles
à vaincre. On faisait le désert autour de lui, et les éléments
comme les hommes se conjuraient pour faire échouer sa
mission. La pluie, la neige, la glace, les vents l'assaillaient;
le froid le saisissait parfois jusqu'à le rendre immobile;
ses pieds et ses jambes étaient crevassés. Une nuit, il s'égara
et ne put trouver dans un village aucun habitant qui con-
sentît à le recevoir; ils étaient tous calvinistes. Il ne dut
son salut qu'à un four banal dans lequel il put enfin se
retirer. Une autre fois, on voulut l'assassiner; il alla au-
devant des assassins et leur dit avec douceur et tranquil-
lité :

« Vous vous méprenez, mes amis, apparemment vous
n'en voulez pas à un homme qui, bien loin de vous avoir
offensé, donnerait de tout son cœur sa vie pour vous. »

Il gagna donc d'abord, par ses mortifications et sa douceur, l'affection du peuple de Thonon; puis il entreprit des
conférences ou des controverses et justifia la doctrine catho-

Sur la ligne du Gothard.

lique; il établit ensuite sa demeure dans la ville, et les conversions commencèrent à devenir fréquentes et nombreuses.
On dit qu'il ramena au catholicisme soixante-douze mille
hérétiques. Le Chablais tout entier fut reconquis. Peu de
temps après, il était nommé coadjuteur de l'évêque de
Genève.

Je reviens sur mes pas, passant par Zurich, où j'assiste
à une fête d'enfants costumés de toutes les façons imagi-
nables. Ce n'était pas la première fois que je voyais pareil
spectacle. Ici défilaient devant moi des seigneurs de dix ans
et des grandes dames de huit. Les représentants des corps
de métier pouvaient bien compter douze printemps, car
c'étaient de robustes gaillards qui portaient sur leurs
épaules de lourdes haches et des pièces de fer et de bois
qui pesaient. A Bâle, un jour, j'avais rencontré par les rues
des bandes de musiciens qui m'avaient fait croire que j'étais
à Lilliput. Ces bonshommes-là allaient de dix à douze ans
aussi; certains portaient majestueusement des basses en
cuivre dans lesquelles ils auraient pu se cacher tout entiers.
Les Suisses aiment à s'amuser.

A Rorschach, sur le lac de Constance, splendide panorama : là-bas, en face, c'est Lindau et la Bavière, que j'ai
vue souvent et décrite pareillement[1]. Il s'agit présentement
d'aller trouver le chemin de fer, pour me rendre à Coire.
Je voyais bien, près du lac, une maison d'apparence honnête, et par devant un bout de rails. Était-ce la gare?
J'entre là-dedans comme dans un moulin, je monte un
escalier et je trouve des salles d'attente de première et de
deuxième classes, une *Restauration;* j'en conclus qu'on
prend le train là-haut comme à la gare de Bastille-Vin-
cennes. Pas du tout, il n'y avait là que des consommations
à prendre. Vite, je descends, je fais le tour de la maison;
elle était parfaitement isolée de tous les côtés, et je finis par
comprendre qu'il n'y avait d'autre chemin de fer que ce que
j'avais vu dans la rue.

Dans cette bonne Suisse, pays de la liberté, on ne ren-

---

[1] *Au delà du Rhin.*

contre pas de barrières; on circule partout comme chez soi,
et c'est bien plus amusant. Ne médisons pourtant pas des
barrières qu'on dresse en France dans les rues et les gares,
le long des rails : s'il n'y en avait pas, nos chers compatriotes, toujours un peu légers, vifs, brouillons et bavards,
se feraient écraser neuf fois sur dix; en Suisse, où l'on est
plus calme, on fait attention au train qui passe. Maintenant pourquoi ne me suis-je pas renseigné à Rorschach? Je
vous dis que c'est bien plus amusant d'aller à l'aventure.
Christophe Colomb, s'il avait questionné à tort et à travers,
n'aurait pas eu tant de plaisir quand il a découvert l'Amérique. Laissez les Anglais harceler de questions les habits
noirs et les casquettes galonnées; ils sont créés les uns pour
les autres.

En route pour Coire, station terminus dans la montagne; visite de la cathédrale, très intéressante; édifice des
premiers siècles, bâti sur l'emplacement d'un temple de
Mars dont on voit de jolis restes; puis ascension du mont
Lucius. Il ne faut pas manquer Ragatz; il y a là une merveilleuse excursion à faire aux gorges de Pfœfers. On suit
pendant une heure, au bord d'un torrent impétueux, la
Tamina, une route sinueuse et étranglée entre deux rochers
à pic de deux cents mètres de haut, qui conduit à un grand
établissement; puis, derrière, elle se perd dans d'autres
gorges profondes auprès d'une source d'eau thermale,
à 30°.

Zigzaguant continuellement, je vais maintenant du côté
du Gothard, en repassant à Altdorf. Voici Burgeln, le village où Guillaume Tell a vu le jour, dans un site roma-
nesque, au milieu des neiges qui ne fondent jamais. Voici
le chemin de fer du Gothard.

C'est une curiosité d'un haut intérêt, une accumulation
de tunnels, de remblais, de tranchées, de ponts et de lacets.
Cette ligne a été exécutée de 1872 à 1882 et a coûté deux
cent trente-huit millions de francs. Le grand tunnel a quinze
kilomètres de long; le milieu est à 1154 mètres d'altitude;
la galerie a huit mètres de large et six mètres et demi de
haut; l'air ne fait pas défaut et on n'y est pas incommodé

par la fumée, ce qui est une condition importante. Cet
ouvrage a coûté à lui seul cinquante-sept millions.

Avant d'y arriver, c'est-à-dire un peu avant la station de
Gœschnen, un incident m'a beaucoup diverti. Je me trouvais avec quelques compagnons de voyage dans un compartiment de première classe qui avait une galerie ouverte
permettant de bien jouir de la vue. Le chef de train était
avec nous. Un long Anglais, aux favoris roux légendaires,
à l'ulster à carreaux, s'adressant à lui, comme nous passions au-dessus d'un village :

« Comment s'appelle cet endroit?

— Wasen, monsieur. »

Nous arrivions peu après non loin d'une agglomération
de maisons et l'Anglais redemanda :

« Quel est le nom de ce village?

— Wasen. »

Le fils d'Albion regarda en face le chef de train en faisant une grimace de mécontentement; mais il ne dit rien.
Nous montions, et un quart d'heure après nous dominions
un autre village.

« Comment s'appelle cet endroit, monsieur? reprit l'Anglais.

— Wasen. »

Tout aussitôt, j'entendis un grand bruit; le porteur de
favoris roux frappait du pied, criait qu'on se moquait de
lui. Tout le monde riait, et un voyageur entreprenait de
calmer l'Anglais en anglais. Il y réussit, mais en y mettant
le temps. Or voici ce qu'il lui expliquait :

« Vous n'avez pas compris, *sir*, que nous montions en
faisant des circuits; d'abord, nous sommes passés au-dessous de Wasen; puis, ça fait un *S* en montant, vous saisis-
sez; nous étions en bas de l'*S* et le village était au milieu;
on le voyait en regardant en haut; puis, nous sommes
passés tout près, dans le milieu de l'*S*, puis au-dessus; on
le voyait toujours. *Do you understand, sir?*

— *Yes*, fit l'autre, comme broyant des cailloux entre les
dents. *All right!* »

Enfin! ça y était!

La note gaie est à côté de la note grandiose; certain horloger n'a-t-il pas imaginé de faire des offres au touriste, gravées en grosses lettres, sur un rocher bordant la voie? Un commis voyageur en granit, voyageant perpétuellement au sommet des Alpes pour vendre des montres : ce n'est pas si banal!

A Gœschnen, on s'arrête entre deux trains, pour aller voir le Pont du Diable, *Teufel Brücke*. Il y vente continuellement, et si on perd son chapeau, il ira loin. On peut pousser à quelques pas en avant, on trouvera le *trou d'Uri* et Andermatt.

La traversée du grand tunnel dure vingt à vingt-cinq minutes avec les trains express. Sur l'autre versant des Alpes, on ne peut s'y tromper : c'est l'Italie, quoique ce soit le canton du Tessin et la Suisse, politiquement parlant. C'est bien l'Italie, son climat chaud, sa langue sonore, ses habitudes, son type, ses cultures. Des ceps de vigne, gros comme le bras, sont déjà mariés à l'ormeau ou bien forment des berceaux épais sur des treillages supportés par des piliers en pierre de deux ou trois mètres de haut. Ce ne sont que guirlandes ou festons de feuillage, noyers et mûriers vigoureux. On crie : *Bellinzona!* c'est comme une musique qui caresse l'oreille; ce n'est pas encore l'Italie politique, mais tenez, pour sûr que les *buzurri* réclament ce pays comme Trieste, Trente, Nice et Chambéry. Attendez un peu, *carissimi*, si vous manifestiez vos prétentions ici, vous trouveriez devant vos poitrines les piques et les espadons de Marignan, avec aussi quelques bonnes carabines de chasseurs de chamois!

IV

Aventure à la douane de Luino. — A l'albergo del Delphino, dans Isola Bella. — Le pays du soleil. — Vin de Chianti et vin de Syracuse. — A Como, avec l'avocat Giuseppe. — Sur le lac. — A propos d'une fonctione au Dôme de Milan. — A l'église San Ambrogio. — L'empereur Théodose et l'évêque Ambroise. — Deux autres évêques. — Conversion d'Augustin. — Sa mère. — Le cardinal Charles Borromée.

Quand on arrive à Luino, sur le lac Majeur, il faut bien prendre garde à la douane. Les bons petits douaniers italiens sont féroces pour ceux qui ont fait provision de tabac pas cher en Suisse. Ils confisquent sans pitié et font payer une grosse taxe. Je m'étais absolument refusé, à Lucerne, à acheter le moindre cigare; mais j'avais avec moi un ami qui n'avait pas écouté mes conseils, ni suivi mon exemple. *Santa Madre!* ce fut du joli à Luino, au sortir du wagon.

« Avez-vous quelque chose à déclarer, *Moussiou?*

— Moi, rien! dit l'ami.

— Montrez *le* valise, *Moussiou.* »

Il fallut montrer *le* valise. Ces crasseux petits employés, aux cheveux durs et crépus, aux galons défraîchis, bouleversèrent *le* valise de fond en comble et en tirèrent des paquets de cigares qu'on croyait bien cachés et des amours de cigarettes, dans des boîtes décorées de mirifiques vignettes. Il y avait des *vevey* longs, il y avait des *vevey* courts, puis des *granson* havanes, — cigares supérieurs de Vautier frères, — puis des cigares de chez Dürr, *Bahnhofstrass*, à Zurich, puis des bouts tournés des manufactures de F. J. Burrus à Boncourt, près Delle, puis des cigarettes égyptiennes, du bon tabac Dubèque du Levant: — c'est parfumé et ça fait rêver de jouissances paradisiaques, — puis des cigarettes Laferme; — ah! pour celles-là, elles ne sont pas

fameuses, par exemple! — Eh bien, on étala tout sur une
table malpropre, en dehors *du* valise, et comme, malgré
mes efforts et mes objurgations, mon ami hurlait, trépignait, on le menaça d'un procès-verbal s'il n'entamait pas
le paquet.

« Fumez donc! lui disait-on, fumez-en quatre à la fois!
Vous en avez le droit... »

Cela n'empêcha pas les bons petits douaniers, aux cheveux crépus et aux galons crasseux, de nous indiquer tout
gentiment le chemin du port, quand je le leur demandai.

« Où est le lac? disait encore mon compagnon, je veux y
jeter mes cigares. Où est l'eau?

— Je ne comprends pas, *Moussiou!* »

Ainsi fîmes-nous connaissance avec les formes diploma-
tiques et la politique italiennes. Ils ont tous lu Machiavel
là-bas.

Sur le port, on s'embarque dans un mauvais sabot de
bateau, où tout est mal disposé, excepté le capitaine et le
pilote. Ils sont toujours, ces marins, *Italiens de Trieste*, et
vous content inévitablement leurs pérégrinations à travers
l'archipel grec et les échelles du Levant, car ils ne dépassent
guère la Méditerranée, qui est un lac italien, n'en déplaise
aux Français! Quand les Italiens ont poussé la navigation
jusqu'à Bombay, ils se posent en héros de Lépante. Les
nôtres nous amenèrent jusqu'aux îles Borromées et consen-
tirent à stopper un instant devant Isola-Bella, le Belle-Isle
de l'Italie.

Pas de choix, il faut loger à l'*albergo del Delphino*. Le
« Dauphin », comme c'est antique! comme c'est grec ou
latin classique! Vous êtes en Italie tout à fait : autour de
cette auberge grouille la vermine italienne, toujours gentille,
toute vermine qu'elle soit. Ne soyez pas difficile sur la carte
du dîner, sur la chambre et sur le lit. Dans la chambre, ça
sent une terrible odeur de mouillé et de moisi; tout à fait
cette odeur caractérisque des hôtels de Lisbonne qui vous
promettent pour la nuit bal et musique... des moustiques.

En revanche, pendant que sous les arbres, en face du
lac, vous prendrez un verre de *barolo* ou d'*asti spumante,*

dans lequel vous mettrez du jus de *limone*, contre la fièvre, ils viendront deux, un homme et une femme, avec des guitares, et ils vous chanteront *Santa Lucia* ou quelque autre barcarolle. Autrefois, souvent, c'était :

Viva l'Italia !
Viva Garibaldi !

sur un mode endiablé. Ne vous plaignez pas ; moi, je ne me plains jamais en ces cas-là. Je tâche d'être Italien avec les Italiens, je ris et je plaisante avec eux et puis les paye, ce qu'ils préfèrent par-dessus tout. Seulement, je me demande toujours où passe tout l'argent qu'ils reçoivent depuis un temps immémorial, l'argent qui vient des deux mondes: napoléons, guinées, marcs, roubles et dollars. Qu'ils le prodiguent et le jettent par les fenêtres, j'y consens ; mais ce serait comme partout ailleurs, et nous verrions bien, en fin de compte, à qui l'argent profite. Sur cent pauvres on trouverait bien dix riches... Non, ils portent tous les mêmes guenilles, le même chapeau défoncé ou déformé et le même veston rapiécé et décoloré, sur l'épaule gauche, et la même camisole en loques avec le même mouchoir sur la tête. *Ma che?*

Passez devant la façade du palais des Borromée et allez tout au bout d'Isola-Bella, le soir à dix heures. Rien de beau comme les contours du lac Majeur, que vous avez devant vous, s'estompant dans la brume vaporeuse. Sur l'eau passent discrètement, comme à Venise, des barques noires et mystérieuses; l'air est doux ; pas un souffle, on pourrait dormir là, sous ce ciel d'Italie.

Après avoir assisté au concert et au bal dans notre chambre à coucher, nous allâmes, de grand matin, visiter le palais du seigneur comte Vitalien Borromée : il ressemble à tous les *palazzi* italiens, seulement le parc tient à lui seul toute l'Île Belle. Au milieu de ces dix terrasses étagées à trente mètres au-dessus de l'eau, on se croirait dans les jardins suspendus de Babylone ou dans ceux d'Armide. Comme ceux-ci, ils sont pleins d'arbres exotiques, qui naturellement ne sont pas exotiques ici : ce sont des limoniers, des citronniers, des orangers, des lauriers-roses, des magnolias, des cèdres, des chênes liège, des camphriers, des eucalyptus, des camélias. Çà et là des grottes de coquillages, des berceaux de verdure, des statues, dont quelques-unes sont un peu osées; mais dans le pays de l'art!...

Oh! vraiment, nous qui venons des froides régions du nord, nous sentons bien qu'un filtre alanguissant s'est glissé dans nos veines avec l'air tiède, tout chargé des effluves enivrants s'échappant de ces arbres étrangers. Nous sentons bien que c'est une autre terre que nous foulons, une autre existence qu'on vit ici. Et les yeux nous le disent mieux encore, quand ils vont se perdre sur cette vaste nappe d'eau bleu foncé, bordée d'une ceinture de blanches maisons à terrasse, s'étageant en amphithéâtre, sur des collines doucement ondulées, qui montent, qui montent insensiblement vers les cimes neigeuses de l'horizon. Ce n'est plus le lac Constance, ni celui des Quatre-Cantons, pas même le lac Léman; c'est un autre monde : le pays du soleil.

Toujours fidèle à mon principe : « Qui trop embrasse, mal étreint, » nous nous contenterons de ce coin du *Lago Maggiore;* nous reviendrons à Luino et prendrons une voiture pour aller à Lugano, à travers ces admirables campagnes italiennes remplies de villas et de palais enchanteurs. Chemin faisant, nous rencontrerons bien la douane suisse, car nous rentrons pour un instant sur le territoire de ce pays; mais le bon gardien des frontières nous regardera au passage d'un œil paterne et ne se dérangera même pas. Heureux peuple! depuis longtemps, il n'a pas d'histoire et il ne tracasse pas les voyageurs.

Lugano est encore suisse, comme Chiasso, plus bas; nous ne retrouverons l'Italie qu'à Como, ville frontière; mais on ne pense guère à la Suisse, on est en pays méridional; on a chaud, il fait bon, tout invite à la joie et au bonheur. N'en doutez pas, puisque les noms des localités vous le disent : le faubourg du Paradiso, l'hôtel *Splendide,* le mont San-Salvator, le promontoire San-Martino. Ce sont les promenades des environs. L'intérieur de la ville a une physionomie tout italienne avec ses arcades dans les rues, ses boutiques en plein vent et ses voies pavées en larges dalles de granit, sans trottoirs. Sous les arcades, nous découvrîmes un marchand de vins de Chianti, ce bordeaux italien, comme on l'a appelé. Sur des gradins en bois, s'étageant dans le fond de la boutique, d'innombrables *fiasque* étaient rangées ; on sait ce que c'est qu'une fiasque italienne : une sorte de carafe en verre léger, entourée d'osier, avec un col long et étroit, comme celui d'une cigogne. Mon ami voulut absolument faire l'acquisition d'une de ces énormes bouteilles, sous prétexte que nous étions dans le pays du vin. Nous traînâmes la bouteille partout avec nous, jusqu'à Como, où elle se cassa le cou, dans un compartiment du chemin de fer, en nous inondant de son sang généreux. Je veux dire qu'elle inonda nos vêtements ; elle n'était pas destinée à cet usage, mais fatalement ce qui arriva devait arriver.

J'ai la bonne fortune souvent de voyager avec des amis charmants, mais encombrants. Dans leurs ardeurs de néophytes, ils se jettent sur tout ce qu'ils voient de nouveau, comme des nègres du Tanganika se jetteraient sur un chapeau ou une paire de bottes. On a vu comme le tabac et le vin avaient réussi à mon camarade. Un autre compagnon que j'avais autrefois en Sicile était moins encombrant et encombré, lui, mais il cherchait aussi les nouveautés et les crus de vins ; ils ne manquent pas en Sicile. Quand il en avait trouvé un, il faisait comme cet intendant qui, en Italie précisément, courait devant son maître en fourrier, pour chercher où il y avait du bon vin. Lorsque celui-ci en avait trouvé dans une auberge, il écrivait sur la porte : *Est! est!* « Il y en a! » Malheureusement, le maître s'était si souvent arrêté devant les portes où ce mot était inscrit, ou plutôt derrière, qu'il en mourut. L'intendant le pleura, lui fit dresser un tombeau et écrivit dessus :

> Est, est, est,
> Et quia nimium est,
> Mortuus est.

Traduction libre : « Il est mort parce qu'il y avait trop

d'*est.* » Bref, mon bon compagnon, à Syracuse, avait écrit
sur la porte : *Est.* C'était une fameuse bouteille ; il paraît
qu'on en trouve encore. De temps en temps, il buvait un

Iles Borromées.

petit verre de la bonne bouteille ; après il s'endormit du
sommeil du juste qui vaut mieux que celui de la mort. Je
n'eus pas d'épitaphe à composer. Pour finir, je dirai que
je le rencontrai plus tard au cru de *Zucco ;* il demandait à
l'intendant du duc d'Aumale une centaine de bouteilles de

ce fameux vin. L'intendant lui répondit : « Je n'en ai pas; mais vous en trouverez boulevard Poissonnière, à Paris. » C'était bien la peine de venir en Sicile!

A la poste de Como, comme je prenais mes lettres, quelqu'un me frappa sur l'épaule et, désignant la grande redingote dans laquelle je me drapais, s'écria :

« Tournez-vous de grâce, afin qu'on vous examine. Quelle drôle de mise! »

Celui qui parlait ainsi au pauvre voyageur était l'excellent avocat Giuseppe B..., un ami de vieille date, habitant Como depuis quelques années. Il s'empara de nous et nous conduisit chez lui, au *Corso Vittorio Emmanuele*. Quel accueil cordial! quel bon goût et quelle distinction! Voilà l'Italien des classes élevées! caractère mélangé ici, du reste, d'éléments divers, par suite d'un long séjour à l'étranger. Les parents de Giuseppe sont aux petits soins pour nous; sa mère est le type de la femme chrétienne et dévouée. Nous allâmes voir la ville, dont la cathédrale de marbre est remarquable; sur la place, nous rencontrâme un monsieur en veston d'alpaga, avec beaucoup de livres sous le bras. L'avocat s'arrêta un instant près de lui; quand il revint près de nous :

« C'est un de mes amis, dit-il, il est député de la chambre italienne. »

Après avoir déposé nos valises à l'hôtel *Volta,* sur le port, nous nous embarquâmes à bord d'un petit paquebot pour faire un tour de lac. Qu'on ne s'étonne pas du nom de Volta; le célèbre inventeur de la pile est né ici; Pline le Jeune aussi. Bramante a travaillé au portail du *Duomo;* Virgile a chanté le lac délicieux de Como :

An mare quod supra, memores, quodque alluit infra?
Anne lacus tantos? te, Lari, maxime, teque
Fluctibus et fremitu assurgens, Benace marino?

« Faut-il te nommer, toi, *Laris,* le plus grand de tous; et toi, *Bénac?...* »

Ce *Laris,* c'est le lac de Côme; ce *Bénac,* le lac de Garde. Le bateau nous amène à un petit port, où nous descendons

3

du côté de Cadenabbia, en face de Bellagio; nous montons à travers une charmante villa, au milieu de magnifiques jardins et de terrasses plantés de vignes. Nous sommes chez Mgr T..., ancien nonce à Q... Le prélat nous fait les honneurs de sa propriété en vrai gentilhomme. Et nous avons une si belle vue, et nous jouissons d'un air si pur, que nous voudrions rester là toujours...

Ce n'était pas la première fois que je rencontrais Giuseppe en Italie; j'avais été le voir déjà quand il était étudiant à l'université de Pavie. C'est lui qui m'avait conduit à la célèbre Chartreuse et fait admirer des mosaïques incomparables. Ce jour-là, en compagnie des jeunes seigneurs Paolo et Luigi M..., de Milan, nous avions banqueté joyeusement et bu je ne sais combien de ce pétillant *asti,* qui remplace le champagne chez eux. Souvenirs d'antan, que nous nous rappelions avec plaisir.

Il ne nous avait pas fallu beaucoup de temps pour nous acclimater; c'était chose acquise, quand nous fîmes notre entrée solennelle à Milan. Les dames de la ville ne nous couvrirent pas de fleurs, en cette circonstance, comme elles le firent pour nos petits pioupious, après Solférino et Magenta; mais nous n'en étions pas moins fiers malgré cela. La preuve en est que nous allâmes nous promener au *persil* entre quatre et cinq heures, nous mêlant audacieusement aux voitures de l'aristocratie. Après tout l'*orto publico* est pour tout le monde.

Il est certain que Milan est rempli d'attraits avec son *Duomo,* ses dentelles de marbre et ses cérémonies, son théâtre de la *Scala* et son école de chorégraphie, sa galerie *Vittorio Emmanuele,* la plus vaste de toutes les galeries, y compris les parisiennes. Mais je ne cours pas précisément le monde pour voir des monuments; il faut les voir, mais voir les hommes surtout, voilà ce qui est intéressant. Prenez une belle lanterne, une très belle lanterne; n'y allumez jamais de bougie à l'intérieur; croyez-vous que vous ne vous lasserez pas bientôt de regarder la lanterne? On dit que Diogène courait les rues, une lanterne à la main, en criant : « Je cherche un homme! » Moi je cours les rues, quand je voyage, et je ne regarde les lanternes, c'est-à-dire les maisons, que ce qu'il faut; j'aime mieux regarder les gens.

On sait combien j'ai peu de goût pour la danse; c'est pour cela que je n'allai pas à la Scala; quant à la cathédrale, j'y allai surtout pour voir une *fonction* ou une procession, si l'on aime mieux. Dieu! que c'est beau une *fonction* italienne! Décidément, nous autres Français, si amateurs de processions et autres exhibitions, nous n'arriverons jamais à égaler ces fils du soleil! Nos pauvres petits marchands du quartier Saint-Sulpice vendent aux églises des ornements au rabais; plus c'est bon marché, mieux ça vaut pour les fabriques qui ne sont pas riches. Pensez donc! qu'est-ce qu'un desservant, voire même un curé, peut faire avec le revenu de son église et son traitement à lui, qu'il est bien obligé d'employer pour ses propres besoins? Je sais qu'un ecclésiastique de campagne a neuf cents francs par an de traitement fixe; ajoutez-y quelques honoraires de messes, deux ou trois cents francs, et deux cents francs de casuel, quand sa paroisse est passable, — ce qui est rare, — le voilà avec douze ou treize cents francs. Et ses pauvres? et lui-même enfin? Il est bien obligé de garder un certain rang et de payer quelque peu de mine, puisque, malgré tout, c'est une notabilité. Qu'est-ce qu'il achètera à Saint-Sulpice? un ornement de pacotille et des chandeliers de quatre sous. Beaucoup de paroisses dans les villes, proportion gardée, ne valent pas mieux que les campagnes; les municipalités ne veulent rien donner et se font un malin plaisir de contrarier leur pasteur. Quelle misère! Et voilà un des fruits de notre révolution...! A Milan, on portait devant les curés de la ville des croix et des chandeliers d'argent ciselé; le clergé était revêtu de chapes précieuses, les cierges de cire étaient gros comme le bras; c'est qu'à Milan, malgré quelques révolutions, le peuple est resté profondément religieux et croyant; il n'a pas fait fondre les ornements pour en faire de la monnaie, et il trouve encore de la monnaie pour la jeter par poignées sur le tombeau de saint Charles Borromée. Eh bien! ces pouilleux d'Italiens ont du bon.

A Milan, je n'ai pas vu la *Cène* de Léonard de Vinci, et je déclare que ceux qui l'ont vue sont bien adroits; je me suis présenté à *Santa-Maria delle grazie;* j'ai regardé un mur dans une caserne de cavalerie voisine et n'y ai vu que des choses informes. C'est la *Cène* du Vinci, absolument gâtée par l'humidité. J'ai été à *San-Ambrogio* et me suis promené dans le bel *atrium* qui précède cette église en pensant aux grands événements qui se sont passés là. Les rois lombards et les empereurs d'Allemagne venaient ici pour recevoir la couronne de fer que l'on conserve à Monza. Napoléon Ier, qui ne doutait de rien, porta aussi le cercle d'or, orné de pierreries et garni à l'intérieur d'une petite bande de fer, faite d'un des clous de la croix du Calvaire. L'empereur Ferdinand Ier est le dernier qui l'ait portée; mais je ne doute pas que si Guillaume II la demandait à Humbert, il n'obtînt la même faveur.

Il s'est passé autre chose à *San-Ambrogio :* un évêque a refusé à un autre empereur, un des plus grands, l'entrée du temple; il lui a barré la route et lui a dit : « Tu n'iras pas plus loin ! »

Milan est plein du souvenir de trois grands évêques : Ambroise, Augustin, Charles; l'histoire du premier se mêle à celle du second, et leur histoire à tous les trois est ce qu'il y a de plus noble et de plus attendrissant.

C'était une époque fertile en grands hommes que celle où naquit Ambroise. Hilaire et Martin vont remplir les Gaules de leur renommée; Basile, Grégoire et Chrysostome émerveilleront l'Orient; Augustin illustrera l'Afrique, et Jérôme Rome et l'Asie. A quatorze ans, Ambroise étudiait à Rome les lettres grecques et latines; et lorsqu'il voyait sa sœur Marcelline baiser la main des évêques, il lui présentait en riant la sienne, en disant que lui aussi serait évêque. Il était né en 340, dans les Gaules, où son père exerçait la charge de préfet; plus tard, nous le voyons gouverneur de Milan : c'est à ce moment que l'évêque de cette ville mourut. Les évêques de la province en écrivirent à l'empereur Valentinien, qui résidait à Trèves, pour lui demander conseil; l'empereur répondit :

Saint Ambroise et Théodose.

« Nourris des divines écritures, vous savez ce que doit
être un pontife; sa vie comme sa doctrine doit servir d'instruction à ceux qu'il gouverne; ce doit être pour eux
un modèle de toutes les vertus, et sa vie doit répondre à
la sainteté de sa doctrine. Placez sur la chaire pontificale
un pareil homme, afin que nous-mêmes, qui gouvernons
l'empire, nous puissions lui soumettre nos têtes avec une
entière confiance et recevoir ses réprimandes comme un
remède salutaire; car, étant hommes, il se peut que nous
commettions beaucoup de fautes. »

L'empereur ne savait pas si bien dire, et plus tard le
nouvel évêque de Milan devait se souvenir de ces paroles.

Probus, préfet du prétoire, avait envoyé Ambroise à Milan
en lui disant :

« Allez, agissez, non pas en juge, mais en évêque! »

Le peuple de Milan avait-il connaissance de cette parole
prédestinée, nous ne le savons pas; mais quand il se
trouva en pleine sédition, les uns tenant pour un candidat
orthodoxe, les autres pour un arien, on entendit tout à coup
un enfant crier : « Ambroise, évêque! Ambroise, évêque! »
Et tous répétèrent unanimement : « Ambroise, évêque! »

Le gouverneur n'y pensait pas, il affecta une sévérité
extrême et se donna même l'apparence de la faute; mais le
peuple l'acclamait toujours et disait : « Nous prenons sur
nous ton péché! »

C'était bien la voix de Dieu qui se faisait entendre. Le
catéchumène Ambroise fut baptisé et huit jours après sacré
évêque de Milan. Aussitôt il donna à l'Église et aux pauvres
tout ce qu'il avait d'or et d'argent, et s'appliqua tout entier
à son ministère; ses prédications répétées purgèrent bientôt
l'Italie de l'hérésie arienne qui l'infestait.

Ce n'était pas Valentinien qui devait profiter de sa propre
leçon, c'était Théodose. Ce prince, d'un naturel vif et emporté, s'était rendu coupable du massacre des habitants de
Thessalonique, et malgré cela avait osé se présenter à
l'église; l'évêque de Milan alla au-devant de lui, hors du
vestibule, et étendant les bras comme pour élever une barrière, lui, l'ami de cœur du prince, osa lui dire :

« Seigneur, comment pourrez-vous élever vers Dieu des mains qui dégouttent encore du sang que vous avez répandu injustement? Comment recevrez-vous sur de telles mains le corps sacré du Seigneur? Comment porterez-vous à votre bouche son sang précieux, vous qui, transporté de fureur, avez fait une si horrible effusion de sang? Retirez-vous donc d'ici et n'augmentez pas votre crime par un autre. »

L'empereur voulait excuser sa faute par l'exemple de David, coupable en même temps d'adultère et d'homicide.

« Puisque vous avez imité David dans son péché, lui répondit l'évêque, imitez-le dans sa pénitence. »

Théodose resta huit mois dans son palais, sans entrer dans l'église. Aux approches de la Noël, il pleurait amèrement. Un courtisan, nommé Ruffin, lui en demanda la raison.

« Je pleure, dit l'empereur, quand je considère que le temple de Dieu est ouvert aux esclaves et aux mendiants, tandis qu'il m'est fermé et que le ciel m'est fermé, par conséquent, car je me souviens de la parole du Seigneur : « Tout ce que vous lierez sur la terre sera lié dans les « cieux. »

— Je courrai chez l'évêque, si vous voulez, répondit Ruffin, et je le prierai tant que je le persuaderai de vous absoudre.

— Vous ne le persuaderez pas, dit l'empereur; je connais la justice de sa censure, et le respect de la puissance impériale ne lui fera rien faire contre la loi de Dieu. »

Ruffin insista, et partit pour trouver Ambroise; celui-ci s'écria :

« Je vous avertis, Ruffin, que je l'empêcherai d'entrer dans le vestibule sacré, et s'il veut changer sa puissance en tyrannie, je me laisserai égorger avec joie. »

L'empereur vint pourtant trouver l'évêque hors de l'église:

« Je ne veux point entrer contre les règles dans le vestibule sacré, lui dit-il; mais je vous prie de me délivrer de ces liens en considérant la clémence de notre Maître commun, et de ne pas me fermer la porte qu'il a ouverte à tous ceux qui font pénitence.

— Quelle pénitence avez-vous faite après un tel péché?

— C'est à vous à m'apprendre ce que je dois faire, à moi de l'exécuter. »

Ambroise se laissa enfin toucher et lui dit d'ordonner, par une loi, que les sentences de mort n'auraient leur exécution que trente jours après qu'elles auraient été prononcées, afin de laisser à la colère le temps de tomber.

Théodose fit aussitôt écrire la loi et la signa de sa main. Il obtint alors l'absolution et, s'étant dépouillé de ses insignes impériaux, il entra dans le temple et se prosterna sur le pavé en l'arrosant de ses larmes. En voyant cette humiliation, le peuple priait et pleurait avec son souverain.

Je ne connais rien d'aussi beau que cette histoire. L'attitude de l'empereur et celle de l'évêque sont admirables, et on est presque tenté de dire ici : *Felix culpa!* S'il n'y avait pas eu de faute, nous n'aurions pas eu ce touchant récit. Ah! que les temps sont changés, et comme les grands savent aujourd'hui se rapetisser, mais d'une autre manière!

Ambroise était digne de s'entendre avec Augustin. C'est grâce aux Manichéens que celui-ci obtint la place de professeur de rhétorique à Milan, où il arriva en 384; il avait alors trente ans.

Ambroise l'accueillit avec une bonté paternelle qui commença à lui gagner le cœur. Augustin écoutait assidûment ses sermons, mais seulement pour la beauté et l'éloquence du style. Il ne faisait d'abord aucune attention aux idées; mais insensiblement, et sans qu'il y prît garde, les choses entraient dans l'esprit avec les paroles, et il vit que la doctrine catholique était au moins soutenable. Il résolut tout à fait de quitter les Manichéens et de demeurer en qualité de catéchumène, grade qu'il possédait déjà, dans l'Église que ses parents lui avaient recommandée, jusqu'à ce que la vérité lui apparût plus clairement. Singulière époque où les hérétiques ariens ou manichéens marchaient côte à côte avec les orthodoxes, les uns près des autres, en parfaite bonne foi souvent et en s'estimant mutuellement! Ambroise avait succédé, à Milan, à un évêque arien; le monde pouvait s'étonner de s'être réveillé si près de l'abîme, mais Dieu veillait et savait faire luire le soleil de justice, quand son heure était venue.

Et puis il y avait Monique, cette radieuse figure de femme et de mère qui brillait d'un éclat si doux dans le ciel de l'Église et au foyer du professeur d'éloquence destiné à de si grandes choses. Elle était venue d'Afrique le trouver, et sa foi était si grande qu'au milieu de la tempête, sur le navire qui traversait la Méditerranée, elle disait aux matelots qu'il n'y avait point de danger, qu'ils ne pouvaient ni faire naufrage ni périr, puisqu'elle devait nécessairement rejoindre son fils et l'amener à la vérité; et quand son fils lui dit qu'il n'était plus hérétique, mais qu'il n'était pas encore catholique, elle lui répondit tranquillement, avec une assurance toute prophétique, qu'elle était certaine de le voir bon et fidèle catholique avant qu'elle ne mourût.

Elle avait du reste déjà converti son mari sur la fin de sa vie. Ambroise félicitait souvent Augustin d'avoir une telle mère. A cette époque on rencontrait beaucoup d'Africains en Italie; ces Africains du nord appartenaient à une race belle, forte et intelligente; plusieurs avaient des charges considérables à la cour : tel Pontinien, dont le commerce et les discours ne pouvaient qu'édifier le futur apôtre de l'Afrique; tel Nébridius de Carthage; Alypius et Romanien de Tagaste, comme Augustin. Celui-ci n'avait pas de plus cher ami qu'Alypius, assesseur du grand trésorier d'Italie, et plus tard assesseur à Milan. C'est à Alypius qu'il s'adressa un jour après une visite de Pontinien en disant :

« Que faisons-nous? Des ignorants viennent ravir le ciel, et nous, avec notre science, insensés que nous sommes, nous voilà plongés dans la chair et le sang. Avons-nous honte de les suivre, et n'est-il pas plus honteux de ne pouvoir pas même les suivre? »

C'était le jour mémorable de la conversion; un peu après, il entendait comme une voix miraculeuse qui sortait de la maison voisine et disait :

« Prenez et lisez! »

Il prit un livre qui était sous sa main, les épîtres de saint Paul, et tomba sur ce texte :

« Ne passez pas votre vie dans les festins et l'ivrognerie, ni dans la débauche et l'impureté, ni dans les querelles et la jalousie, mais revêtez-vous du Seigneur Jésus-Christ, et ne cherchez point à contenter la chair dans ses convoitises. »

C'était fini, la grâce avait parlé et agi. Augustin, son ami Alypius et son fils Adéodat, âgé de quinze ans, furent baptisés la veille de Pâques, en 387, par l'évêque de Milan, qui, à cette occasion, prononça devant eux la magnifique instruction qui fait le sujet de son livre sur les *mystères*. Augustin vint alors avec sa mère à Ostie, pour s'embarquer sur un navire qui devait l'emmener dans sa patrie. C'est là que tous deux, la main dans la main, appuyés ensemble sur une fenêtre qui donnait sur un jardin et sur la mer, eurent cette célèbre vision qui précéda de quelques jours la mort de Monique, et qui a fourni au peintre Ary Scheffer le sujet d'une magnifique composition popularisée par la gravure. Monique n'avait plus rien à faire sur cette terre; elle allait au ciel chanter le cantique d'action de grâces, l'alléluia éternel.

Milan a peut-être conservé mieux encore le souvenir d'un autre évêque qui naquit dans ses environs, au château d'Arona, sur les bords du lac Majeur, vécut et mourut dans ses murs. Charles était de la noble famille des Borromée; sa mère, Marguerite de Médicis, était sœur du pape Pie IV. Il fut le modèle des pontifes et le restaurateur de la discipline ecclésiastique à Milan.

Né en 1538, il était déjà cardinal et archevêque de Milan en 1559, légat à Bologne, dans les Romagnes et la Marche d'Ancône, protecteur de la couronne de Portugal, des Pays-Bas, des cantons catholiques de Suisse, des ordres des Franciscains et des Carmes et des chevaliers de Malte. Il donnait aux affaires la plus grande attention, il les discutait avec sagesse et en rendait la décision facile; il était la consolation et l'appui du souverain pontife, son oncle, et gouvernait l'Église en son nom. Il mit tous ses soins à conclure le concile de Trente, qui ne prit fin qu'en 1563, après avoir commencé en 1545.

On pourrait trouver qu'il était facile, pour cet archevêque
de Milan, d'acquérir de la célébrité après avoir accompli
de grandes choses; à son entrée dans la vie, tout lui avait

Saint Charles Borromée pendant la peste de Milan.

souri et il n'avait qu'à suivre une voie tracée naturellement
devant ses pas. Ce serait une erreur: Charles était un saint;
il était riche, il se fit pauvre; il était né et vivait dans des
palais, sa vie était celle d'un anachorète de la Thébaïde ou

de la Trappe. Il faisait tout cela joyeusement, avec le sourire sur les lèvres et des reparties plaisantes.

On le pressait de modérer ses austérités, en raison de ses fatigues quotidiennes; il répondait que ses abstinences l'avaient guéri sans aucuns remèdes d'un mal qui l'avait fait souffrir longtemps. On voulait lui bassiner un lit, il dit :

« Le meilleur moyen de ne pas trouver le lit froid, c'est de se coucher plus froid que le lit. »

Mais le grand motif de la vénération que le peuple milanais porte à l'archevêque Charles est dans le dévouement qu'il montra à ses diocésains lors de la fameuse peste qui désola la ville en 1576. Le peuple n'oublie pas ces choses-là, et de générations en générations le souvenir s'en perpétue. Le gouverneur, la noblesse, les magistrats avaient fui; Charles resta avec les pauvres qui l'entouraient criant : « Miséricorde! miséricorde! » Pendant six mois, il pourvut aux besoins spirituels et corporels des habitants, les visitant et leur administrant lui-même les sacrements; il donna tout ce qu'il avait, jusqu'à son lit, se réduisant à coucher sur des planches.

Il mourut en 1584. On enferma son corps dans un cercueil de plomb et on le mit dans son tombeau, sous les premiers degrés du grand autel, ainsi qu'il l'avait ordonné, afin d'être foulé aux pieds de tous ceux qui monteraient ou descendraient ces degrés.

Son tombeau est glorieux comme celui du Christ, son maître. L'autel de la chapelle qui le renferme est en argent massif, et la plus grande partie de la voûte est revêtue de plaques du même métal; on y entretient nuit et jour des lampes d'or et d'argent.

A Arona, sur une colline dominant toute la contrée, s'élève la statue du saint, haute de vingt et un mètres et placée sur un piédestal de treize mètres. Elle a été élevée en 1697.

V

Quand on arrive à Venise, on éprouve un grand sentiment de peur : le train a l'air de s'élancer sur les flots bleus
de l'Adriatique, comme un goéland; et comme les wagons
pèsent un joli poids, il y a tout lieu de croire qu'on frise
une catastrophe; mais non! tout est tranquille; on n'entend
aucun cri d'effroi, on n'éprouve pas la plus légère secousse;
on traverse la mer à pied sec... sur une étroite bande de
terre, et l'on arrive dans une gare où tout le monde descend. Ici l'impression est lugubre : moins de tapage encore
que tout à l'heure, et, surtout, que partout ailleurs. Point
de camions retentissants, point d'appels de cocher, point de
piaffements de chevaux. La raison, c'est qu'il n'y en a pas;
aussitôt que vous descendez les marches de la gare, vous
êtes édifiés; c'est l'eau qui vous entoure : des bateaux noirs
glissent dans les environs; c'est le silence du tombeau.
Nulle ville ne ressemble à Venise.

On a pourtant souvent appelé Amsterdam la Venise du
nord; on n'appellerait pas Venise l'Amsterdam du midi, ce
serait ridicule et peu exact. J'ai vu Amsterdam et je l'ai
bien vu; d'autant mieux que c'est une des villes que j'ai le
plus désiré voir, parce que sans cesse elle fuyait devant moi.
Une première fois, j'ai été en Belgique et même poussé jusqu'à Rotterdam, sans aller plus loin; une seconde fois,
n'ayant que fort peu de temps, j'ai dû choisir entre la
Haye et Amsterdam : j'ai, je ne sais pourquoi, choisi la première de ces villes; j'ai donc été en Hollande une troisième

fois, exprès pour la seconde; on conçoit, dans ces conditions, que toutes les puissances de mon âme voyageuse aient
été tendues vers cette terre promise et jamais donnée; maintenant elle n'a plus de secrets pour moi.

Mais la Venise du nord! quelle prétention! cherchez donc
une gondole à Amsterdam! Oui, vous trouverez des *tres-
kuits*, ces lourds bateaux-omnibus où vous serez em-
pilés, à côté de gros bonshommes qui sentent la caque
et le hareng, sans compter le jus de tabac. Ah! la gondole!
un rêve, un paradis! glisser sur le grand canal, le soir,
à la tombée de la nuit, comme il m'est arrivé en compagnie
d'un ami très cher, au son des cloches de l'Angélus, qui chantait à *Santa Maria della Salute, San Giovanni i Paolo, San
Giorgio Maggiore*, aux *Gesuiti* et *tutti quanti*! passant dans
l'ombre scintillante devant le palazzo Celergi, le palazzo
Pesaro, le pont du Rialto, le palazzo Grimani, le palazzo
Pisani, le palazzo Balbi, le palazzo Foscari. Pourquoi ai-je
nommé ces palais plutôt que d'autres? C'est qu'il y en a
tant et tant! J'ai pris au hasard; et, pourtant, au palais Dandolo, le célèbre doge Henri habitait; le palais Lorédan fut
la demeure de Pierre Lusignan, roi de Chypre; le palais
Camerlinghi était la résidence des trésoriers de la République; le *Ça d'oro* est le plus élégant des palais du style
ogival du xive siècle. Il y a cent quarante palais à Venise.
A Amsterdam, il y en a un, un seul, digne de ce nom. Je
ne parle point du Palais-Royal, on ne sait comment y entrer, on ne trouve pas la porte; je ne parle pas de la Bourse,
c'est fort laid; je parle du musée. Les Hollandais ont une
admirable collection à Amsterdam, des tableaux exquis; ils
leur ont bâti un palais digne d'eux; ils n'en ont pas fait
autant à la Haye.

Venise n'a pas peur de la comparaison au point de vue de
l'art, et si sa rivale du nord a Rembrand et Gérard Dow,
elle a le Titien, Veronèse et le Tintoret logés eux aussi dans
un *palais*. On a souvent, en Italie, prodigué cette appella-
tion : pour Venise elle est exacte, pour Amsterdam elle ne
doit pas être comprise.

Et puis à Amsterdam il n'y a pas d'églises; or Venise

contient de charmantes églises pleines de tombeaux célèbres et de richesses artistiques de toutes sortes; elle n'aurait que cet admirable Saint-Marc, qu'il faudrait encore s'incliner : Saint-Marc, une vision d'Orient, un mirage de Byzance, une autre Sainte-Sophie, où les mosaïques couvrent une superficie de *quatre mille deux cents* mètres carrés ; où les dorures, les bronzes, les marbres étincellent dans tous les coins; où le grandiose, le pittoresque et le fantastique se mêlent de façon à confondre l'imagination.

Enfin la capitale de la Hollande manque de grâce; c'est une des reines du commerce, et à ce point de vue elle a détrôné la reine de l'Adriatique; mais, au temps de sa splendeur, celle-ci devait tellement unir le goût du négoce au goût des arts, qu'elle a toujours été belle : belle dans ses monuments, belle dans ses fêtes, belle dans ses manières, belle dans son type. Oh! combien une pauvre fille de Frise avec son casque d'or et ses boucles d'oreilles en tire-bouchons ferait donc piètre mine à côté d'une de ces pauvres *ragazze*, aux cheveux roux, vêtue d'une méchante robe et couverte d'une mantille, qu'on rencontre dans les *calle* de Venise, allant à son ouvrage d'un pas léger et rapide! La moindre bouquetière de la *Piazza* ferait rougir de dépit la femme d'un armateur de Batavia; et si vous l'habilliez avec les étoffes du Titien, alors ce serait toujours une de ces princesses du xve ou du xvie siècle qui ferait la gloire de la ville des doges et l'admiration des étrangers.

Longtemps, bien longtemps j'ai erré sur la place Saint-Marc, revenant sans cesse devant la façade de la cathédrale. Au-dessus du portail principal, je regardai les quatre chevaux de bronze doré, hauts d'un mètre et demi, qui furent envoyés de Constantinople par Dandolo, en 1204. Bonaparte, qui avait la manie de tout prendre, les fit transporter à Paris et mettre sur l'arc de triomphe du Carrousel; à vrai dire, on a bien fait de les restituer à Saint-Marc, cette seconde Sainte-Sophie; c'est là leur place.

Cette Venise est byzantine par bien des côtés, et certainement la grande époque des croisades lui a imprimé ce cachet. Il serait intéressant de rechercher quel a été son

Saint-Marc, à Venise.

rôle au moment où l'Occident tout entier entamait, pour la
première fois, des relations si intimes avec cet Orient, qui ne
lui avait jusque-là apparu que dans un lointain mystérieux.

Eux, les Vénitiens, peuple maritime par excellence, avant
les croisades s'étaient déjà enrichis par le commerce de
l'Orient et craignaient de rompre avec les puissances musul-
manes de l'Asie; voilà pourquoi ils n'avaient pris qu'une
faible part à la première expédition en Palestine. Jaloux des
avantages obtenus par les Génois et les Pisans, leurs éternels ennemis, ils voulurent aussi partager les dépouilles des
musulmans et armèrent leurs navires. Ils rencontrèrent
d'abord en pleine Méditerranée les Génois qui revenaient
d'Orient; ils les mirent en fuite, puis ils gagnèrent aussi
une bataille contre la flotte égyptienne. C'était au temps de
la captivité du roi de Jérusalem, Baudouin du Bourg, à
Édesse. Le doge Michaëli entra dans le port de Ptolémaïs,
et fut conduit en triomphe à Jérusalem. L'armée du régent
du royaume et celle des Vénitiens vinrent mettre le siège
devant Tyr. Jusqu'ici les Vénitiens peuvent passer pour des
croisés ordinaires, appelés en terre sainte par la plus noble
des causes; mais voici où l'intérêt humain apparaît, et ce
ne sera pas la dernière fois. Le citoyen de Venise pouvait
être un soldat; il était avant tout un marchand. La République demanda, avant de commencer les opérations du siège,
qu'on lui accordât une église, une rue, un four banal, un
tribunal particulier dans toutes les villes de la Palestine.
Ils demandèrent encore d'autres privilèges, et la possession
d'un tiers de la ville conquise. Rien de curieux comme le
traité qui fut conclu à cette occasion. On y lit :

« Et mesme que iceux Vénitiens ayent autant de droicts
et de propriété en la place de Jérusalem que le roy a coutume d'en avoir. Que si iceux Vénitiens dans la ville
d'Acre veulent faire leur rue, four, moulin, estuves, et avoir
mesurage, aulnage, jaujage et flatrie, pour mesurer vin,
huille, miel, il sera libre à tous habitants de ce lieu d'y
cuyre, mouldre et estuver ce qu'il leur plaira, sans aucune
répugnance ny contradiction, comme aux propres apparte-
nances du roy... Quand les Vénitiens trafiqueront entre eux

ou vendront leurs marchandises à autres genz qu'aux leurs,
ils vendront à leurs propres poids, aulnages et mesures...
Davantage les Vénitiens, pour quelque cause que ce soit, ne
seront tenuz aucunement payer dace, péage, travers, ponte-
nage, chaussée ou autre subside et imposition quelconque pour
entrée ne sortie des villes, pour achapt ne vendition pour
ouvrage ni seiour qu'ils pourraient faire esdictes villes... Au
moyen de quoy, celuy roy de Jérusalem et pour tous seront
tenus et obligez, comme débiteurs, de payer tous les ans, aux
jours et festes des apostres saint Pierre et saint Paul, du
domaine de Tyr, de la part du roy, au duc de Venise la
somme de trois cents besants monnoye sarrazinoise... Et si
quelcun cuide avoir querelle ou procès contre un Vénitien,
que le tout soit décis et déterminé en le cours des Vénitiens.
Finalement, que les Vénitiens possèdent de droict héréditaire
la tierce partie des deux citez Sur et Ascalone, avec la troisième partie de toutes les terres qui en dépendent, qui
maintenant sont sous la servitude des Sarrazins, s'il plaît
au Sainct Esprit les mettre en la puissance des chrétiens.
Et quant à nous, Guaremond, patriarche de Jérusalem, nous
promettons de faire ratifier le roy sur le sainct Évangile les
susdites conventions. Et si quelque autre vient à se faire
promouvoir au royaume de Jérusalem, nous promettons
aussi luy faire ratifier..., autrement nous ne consentirons
jamais sa réception et establissement. »

Le traité est conclu par ces mots : « Toutes et chacunes
les choses dessus mentionnées sont à l'honneur et gloire
des Vénitiens. » Suivent les signatures des notables.

Pauvre patriarche ! pauvre archevêque de Césarée ! pauvre
abbé de Sainte-Anne du val Josaphat ! pauvre prieur du
Saint-Sépulcre ! pauvre connétable du roi ! Ces Vénitiens
étaient trop forts pour vous. Ils faisaient, en effet, tout ce
que bon leur semblait, et quand le doge arrivait dans le
camp des chrétiens avec ses marins armés de leurs rames,
déclarant qu'il était prêt à monter à l'assaut, on marchait ;
quand les étendards du roi et du doge flottaient sur les murailles de Tyr, on poussait des cris d'enthousiasme. Ils
étaient venus tard pourtant, ces marchands de l'Adriatique,

et on dit que les retardataires ne trouvent plus qu'une maigre pitance à dévorer; ceux-ci, très habiles et très âpres, auraient plutôt laissé les os aux autres.

En l'année 1202, la détresse des chrétiens en Orient allait toujours croissant; le pape Innocent III avait ordonné

Le palais des Doges, à Venise.

de prêcher une nouvelle croisade. Le chef de l'expédition était Thibaut, comte de Champagne; six députés furent envoyés à Venise, afin d'obtenir de la République les vaisseaux nécessaires pour le transport des hommes et des chevaux.

Venise était alors à l'apogée de sa prospérité, et elle citait avec orgueil les paroles que le pape Alexandre III avait adressées au doge en lui donnant un anneau :

« Épouse la mer avec cet anneau; que la postérité sache que les Vénitiens ont acquis l'empire des flots, et que la mer leur a été soumise comme l'épouse l'est à son époux ! »

Le doge qui gouvernait la République s'appelait Henri Dandolo. Il avait longtemps servi sa patrie dans des missions importantes, disent les historiens [1], dans le commandement des flottes et des armées; à la tête du gouvernement, il veillait sur la liberté et faisait régner les lois. Ses travaux dans la guerre et dans la paix, d'utiles règlements sur les monnaies, sur l'administration de la justice et la sûreté publique, lui méritaient l'estime et la reconnaissance de ses concitoyens. Il avait appris au milieu des orages d'une république à maîtriser par la parole les passions de la multitude. Personne n'était plus habile à saisir une occasion favorable, à profiter des moindres circonstances pour l'exécution de ses desseins. Parvenu à l'âge de quatre-vingt-dix ans, le doge de Venise n'avait de la vieillesse que ce qu'elle donne de vertus et d'expérience. Villehardouin l'appelle un homme *sage et de grande valeur*, et dans l'histoire de Nicétas le vieux doge est appelé *le prudent des prudents*... A l'esprit de calcul et d'économie qui distinguait ses compatriotes, Dandolo mêlait les passions les plus généreuses et donnait un air de grandeur à toutes les entreprises d'un peuple marchand.

Les croisés demandaient des navires pour quatre mille cinq cents chevaliers, pour vingt mille hommes d'infanterie, et des vivres pendant neuf mois. Le doge promit tout ce qu'on demandait, moyennant quatre-vingt-cinq mille marcs d'argent; il proposa en outre d'armer aux frais de Venise cinquante galères, en demandant pour sa patrie la moitié des conquêtes qu'on allait faire en Orient.

Voici le relevé des sommes dues aux Vénitiens par les croisés :

Pour les chevaliers à 2 marcs par chevalier.	9.000
Pour 2 écuyers, par cheval (9.000 écuyers).	18.000
Pour 20.000 fantassins à 2 marcs. . . .	40.000
Pour 4.500 chevaux à 4 marcs par cheval.	18.000
	85.000

[1] Michaud, *Histoire des croisades.*

soit 4.250.000 francs, qui valaient le triple alors. Le traité était ruineux pour les croisés français, et le doge n'avait pas été généreux, malgré le grand caractère qu'on lui prête.

Une assemblée générale fut convoquée dans l'église Saint-Marc. « Le doge appela cent du peuple, dit Villehardouin, puis deux cents, puis mille; finalement, il en appela bien dix mille, les exhortant à prier Dieu de les inspirer touchant la requête des ambassadeurs. La messe dite, le duc envoya quérir ceux-ci et les admonesta de vouloir requérir *humblement* le peuple d'être content que cette convenance fût faite. »

Telle était alors la façon de procéder avec le peuple souverain. Le maréchal de Champagne, accompagné des autres barons, fit en cette circonstance un discours :

« Les seigneurs et les barons de France, dit-il, les plus hauts et les plus puissants, nous ont à vous envoyés pour vous prier, au nom de Dieu, de prendre pitié de Jérusalem, qui est en servage des Turcs; ils vous crient merci, et vous supplient de les accompagner pour venger la honte de Jésus-Christ. Ils ont fait choix de vous, parce qu'ils savent que nuls gens qui soient sur la mer n'ont un si grand pouvoir que vous et votre peuple. Ils nous ont recommandé de nous jeter à vos pieds et de ne nous relever que lorsque vous aurez octroyé notre demande et que vous aurez pitié de la terre sainte d'outre-mer. » — « Maintenant, dit encore le chroniqueur, les six messagers s'agenoillent a lor piés mult plorant. » Ces bons chevaliers pleuraient souvent, à cette époque héroïque, comme du reste pleuraient les héros de Virgile ou d'Homère; mais les uns comme les autres n'employaient pas seulement cette arme féminine, ils savaient aussi bien se servir de leur redoutable épée que des larmes. Devant cette naïveté et cette simplicité, les marchands de Venise s'émurent à leur tour, et dix mille voix s'écrièrent : « Nous accordons votre demande. » Le doge lut ensuite le traité onéreux que nous connaissons en demandant le consentement de ses concitoyens dans les formes consacrées par les lois de la République, et le peuple dit d'une seule voix :

« Nous y consentons. » Tout Venise était sur la place Saint-
Marc et dans les rues voisines; les acclamations étaient si
bruyantes, dit le maréchal de Champagne, *qu'on eût dit que
la terre alloit se fondre et s'abîmer.*

Ces délibérations du peuple étaient inconnues aux seigneurs français et durent les frapper d'étonnement; ils ne
furent pas moins étonnés quand après ils allèrent solliciter
le secours des deux républiques de Pise et de Gênes. La
préférence accordée à Venise avait rendu ses rivales fort indifférentes.

Cependant les croisés étaient arrivés à Venise, et la flotte
qui devait les transporter était prête à mettre à la voile;
les Vénitiens sommèrent avant tout les barons d'acquitter
leur parole et de payer la somme convenue. Un grand
nombre de croisés s'étant embarqués pour la terre sainte,
sans passer par Venise, comme il était convenu; les premiers se trouvèrent fort empêchés devant les exigences des
marchands. Chacun alors fut invité à payer son passage.
Le comte de Flandre, les comtes de Blois et de Saint-Paul,
le marquis de Montferrat et d'autres riches chevaliers, ne
voulant pas s'abaisser devant les sujets du doge, se dépouil-
lèrent de leur argenterie et de leurs joyaux. Malgré ce sacrifice, on devait encore cinquante mille marcs d'argent; pour
s'acquitter, on dut se mettre à la disposition de l'orgueil-
leuse République, qui, sans trop s'inquiéter du but que se
proposaient les croisés, employa leurs bras et leur courage à la prise de Zara, en Dalmatie. Les chevaliers francs
étaient bien trop esclaves de leur parole pour ne pas
accepter cette manière de se tirer d'affaire. Le pape s'op-
posait à cette entreprise, qu'il qualifiait de sacrilège; cela
ne laissa pas de jeter les croisés dans certains scrupules;
mais le vieux Dandolo ayant promis de partir lui aussi pour
la terre sainte, et ayant attaché la croix sur son bonnet
ducal, on partit... non pour Jérusalem, mais pour Zara.

On remarquera ici le sans-façon avec lequel les marchands de Venise traitaient le souverain pontife. Le cardinal
Pierre de Capoue, légat du pape, voulut leur donner des
conseils en cette qualité; ce n'est pas sans une vive sur-

prise que les Français, plus respectueux, avaient entendu
dire au doge que l'armée chrétienne ne manquait point

Prise de Constantinople par les croisés. (D'après Eugène Delacroix.)

de chefs pour la conduire, et que les légats du souverain
pontife devaient se contenter d'édifier les croisés par leurs
exemples et leurs discours.

4

On prit Zara; le pape protesta et excommunia les Vénitiens. Les barons français envoyèrent à Rome des députés pour fléchir Innocent III; cette soumission le désarma; il leur donna l'absolution et leur permit de traverser la mer avec ceux de Venise qu'il avait excommuniés; « ne faisant cela, disait-il, que *par nécessité et amertume du cœur.* Tout excommuniés qu'ils sont, ils demeurent toujours liés par leurs promesses, et c'est une maxime de droit que si l'on passe par la terre d'un hérétique on pourra en acheter ou recevoir les choses nécessaires. »

Mais pourquoi cette double armée, après la prise de Zara, était-elle en route pour Constantinople? C'est d'abord que le fils de l'empereur Isaac, détrôné, avait envoyé des ambassadeurs à Venise pour solliciter les secours des croisés; il y avait d'autres raisons moins avouables. Les Vénitiens voulaient détruire les comptoirs des Pisans établis en Grèce, et des chroniqueurs ont même dit que le sultan de Damas, effrayé de la croisade qui se préparait, avait envoyé un trésor considérable à la République pour l'engager à détourner les croisés d'une expédition en terre sainte.

Tout était en désordre dans ce vieil empire de Byzance : les croisés en profitèrent pour s'emparer du pouvoir en même temps que de la ville; le comte de Flandre, Beaudouin IX, fut proclamé empereur, avec la propriété du quart du territoire. Un instant on avait songé à ce doge *qui vieil homme estoit et goutte ne veoit,* et qui pourtant possédait une vitalité si puissante et avait en définitive tout mené dans cette affaire. Mais c'était un républicain qui commandait à des républicains, et ceux-ci disaient :

« Que n'aurons-nous pas à craindre d'un Vénitien devenu le maître de la Grèce et d'une partie de l'Orient? Serons-nous soumis à ses lois, ou bien demeurera-t-il soumis aux lois de notre pays? Sous son règne ou sous celui de ses successeurs, qui nous assurera que Venise, la reine des mers, ne deviendra pas une des villes de cet empire?... Quel Romain aurait voulu quitter le titre de citoyen de Rome pour devenir roi de Carthage? »

L'historien André Dandolo vante le civisme d'un électeur

vénitien, qui refusa d'élire le doge empereur : *Quidam Venetorum fidelis et nobilis senex.*

Assurément, pour ces hommes-là, le profit passait encore avant la vaine gloire, et ils étaient vraiment dans l'esprit des républiques, il faut l'avouer. Les croisés français qui avaient conquis Zara au profit de leurs alliés durent néanmoins leur payer cinquante mille marcs d'argent; il est vrai que leur part du butin pris à Constantinople s'élevait à cinq cent mille marcs, soit vingt-sept millions. Les Vénitiens en avaient eu autant; mais la ville possédait bien en outre pour six cent millions de richesses, dont la plupart furent détruites dans l'incendie allumé alors. C'est aussi dans ce siège mémorable que Venise eut pour sa part les quatre fameux chevaux de bronze qui ornent la façade de Saint-Marc. Elle obtint trois des huit quartiers de Constantinople et forma des établissements le long des côtes; de plus, les îles de l'archipel relevèrent de son autorité à titre de seigneuries : Candie, Corfou, Céphalonie, Zante, Naxos, Paros, Milos, Mycone, Scyros, Zéa et Lemnos furent envahies par des aventuriers qui les exploitèrent au profit de la République. Le doge Dandolo fut proclamé *despote de la Romanie,* et prit le titre bizarre de « seigneur d'un quart et demi de l'empire romain : *Dominus quartæ partis et dimidiæ imperii romani.* »

Le doge, qui, jusqu'alors, avait bravé avec tant d'audace les menaces et les foudres de l'Église, reconnut la souveraine autorité du pape et joignit ses protestations et ses prières à celles des Français, pour désarmer la colère d'Innocent; il lui représentait que la conquête de Constantinople avait préparé la délivrance de Jérusalem et vantait les richesses d'un pays que les croisés venaient enfin de soumettre aux lois du saint-siège. Le pontife était touché au fond de la soumission de ces héros, qui faisaient trembler l'Orient; déjà le cardinal Pierre de Capoue avait donné l'absolution aux Vénitiens excommuniés depuis le siège de Zara; Innocent, après avoir blâmé l'indulgence de son légat, finit par la confirmer.

Dandolo mourut à Constantinople et fut enterré en grande

pompe dans la magnifique église de Sainte-Sophie. Son mausolée subsista jusqu'à la prise de la ville par Mahomet II; le vainqueur le fit démolir, quand il changea l'église en mosquée. Un peintre vénitien qui avait travaillé à la cour de Mahomet, retournant dans sa patrie, obtint du sultan la cuirasse, le casque, les éperons et la toge de Dandolo, qu'il rapporta à sa famille.

On voit quel a été le véritable rôle de Venise pendant les croisades; il lui était dicté par son esprit mercantile et son intérêt, auxquels elle fut fidèle partout et toujours. Plus tard elle en fut punie. Au xvᵉ siècle, elle était le centre du commerce du monde; elle possédait trois cents grands navires, montés par huit mille marins, trois mille embarcations plus petites, avec dix-sept mille matelots, et une flotte de guerre de quarante-cinq galères montées par onze mille hommes. La prise de Constantinople par les Turcs commença sa ruine; quelque temps après on découvrait de nouvelles routes maritimes et de nouveaux pays; l'Amérique venait d'être révélée à l'ancien monde, et les Portugais avaient doublé le cap de Bonne-Espérance. La grande révolution des croisades avait enrichi Venise, la nouvelle révolution qui naissait de la conquête du nouveau monde la ruina et enrichit l'Espagne, le Portugal, l'Angleterre et la Hollande. Enfin Venise perdit ses possessions de l'archipel, la Morée, l'île de Chypre; et, malgré la victoire de Lépante où elle prit une part glorieuse, elle perdit encore Candie. Son rôle était terminé.

Il fut quelquefois peu digne d'elle; comme encore lorsqu'elle refusa des secours à Constantinople assiégée par Mahomet II. A la diète d'Augsbourg, l'ambassadeur de Louis XII affirma que la flotte des Vénitiens était dans l'Hellespont pendant le siège et qu'ils pouvaient entendre les gémissements des chrétiens tombant sous le glaive des Turcs. Rien ne put émouvoir leur pitié. Ils restèrent immobiles, et lorsque la ville fut prise, ils achetèrent les dépouilles des vaincus et vendirent aux musulmans les Grecs réfugiés sous leurs drapeaux. Plus tard, lorsque les Ottomans assiégeaient Otrante, les Vénitiens, dont la flotte se trouvait à l'ancre

devant Corfou, virent avec indifférence, peut-être avec joie,
les dangers des chrétiens assiégés. Plus tard, enfin, ils envoyèrent secrètement des députés au sultan d'Égypte, inté-
ressé comme eux à combattre l'influence des Portugais, et
ils l'engageaient à s'allier aux princes indiens pour atta-
quer la flotte portugaise. Le sultan menaça de détruire le
saint sépulcre pour effrayer les Portugais; mais le roi de
Portugal tint bon, et les Vénitiens, comme les musulmans,
en furent pour leur courte honte. Les péchés des nations
s'expient sur cette terre, et sans doute Dieu ne pardonna
pas à une nation qui, par son avarice, sa jalousie et son
ambition, avait trahi la cause de la chrétienté.

Je défie bien un voyageur quelque peu méditatif et rêveur
de venir à Venise et d'arpenter la *Piazza* sans penser à
toutes les réflexions que je viens d'exposer un peu lon-
guement. Et je répéterai encore : Non! Venise n'est pas
Amsterdam, le ciel bleu de l'une vaut bien mieux que le
ciel gris de l'autre; mais Amsterdam a tué Venise et est
devenue la Venise du nord, parce qu'elle est riche et
grande. Venise est finie, on ne peut plus qu'y rêver.

VI

A Lorette. — Physionomie du Napolitain. — L'*allegria*. — Dans les églises.
— Un pays martyrisé par la politique. — Une excursion scientifique et
dangereuse au Vésuve. — La cité antique : Pompéi. — Est-ce que les
Romains pleuraient? — Chaleur. — Paysages italiens : Sorrente, Albano.

Nous sommes bien dans le Midi. A Lorette, quelle expan-
sion! quelle exubérance! Les *vetturini* des hôtels sont tellement las de crier, qu'ils prennent de grosses pancartes sur
lesquelles ils ont écrit le nom de leurs auberges, et nous
les mettent sous le nez. Dans la campagne, les femmes
viennent puiser l'eau aux fontaines dans de larges amphores
en cuivre rouge; ce n'est plus même le Midi, c'est l'Orient.

Et après que nous avons fait notre pèlerinage à la *Santa
Casa,* quand nous allons faire la sieste en dehors de la ville,
paysans et paysannes lient conversation avec nous avec un
sans-façon tout démocratique. Nous parlons naturellement
religion, à Lorette; les enfants italiens feraient rougir nos
gamins français, ils connaissent leur catéchisme sur le bout
du doigt. Cela fait plaisir de voir que Dieu est encore connu
dans ce coin de terre; je ne voudrais pas affirmer qu'il ne
se mêle pas à cette piété italienne un brin de superstition,
ces imaginations-là sont toujours promptes et vont au delà
du but; mais j'aime mieux ces écarts que les autres con-
traires, si démoralisants, si peu consolateurs. Le *ragazzo* qui
nous mène voir la chapelle des âmes du purgatoire avait au
moins le respect des ancêtres et de l'autorité quelle qu'elle soit.

Quant au chemin de fer qui suit les bords de l'Adriatique,
il va comme une tortue; mais il a le mérite de vous per-
mettre de contempler le paysage. C'est un pays perdu, mais
si joli! ces flots bleus qui vont baigner de l'autre côté
Trieste, Fiume, Zara, Sebenico, Corfou, l'archipel, un pays
héroïque! Quand on pense à tout ce qui s'est passé ici sur
terre et sur mer! Je crois maintenant que c'est le lieu du
repos; j'aimerais rester longtemps ici et m'installer quelque
part, à Bari, par exemple, me coucher sous les oliviers et
les orangers, et regarder d'un œil somnolent passer les
grands bœufs, les pâtres à cheval, et se profiler sur l'horizon
les vieilles tours des châteaux ruinés.

Naples est la ville la plus extraordinaire que je connaisse;
on fait bien de se reposer avant d'y arriver, après on ne
pourra plus fermer l'œil. Pas de trottoirs dans les rues;
alors les cochers qui vous guettent poussent sur vos pieds
leurs chevaux et leurs voitures; c'est miracle de ne pas être
écrasé cent fois par jour. C'est un bruit perpétuel de con-
versations, de voix, d'éclats de rire, de chaudrons rétamés,
de coups de marteau, de sonnailles d'attelage. Si d'aventure
le Vésuve se met à tonner, la fête est complète. Ces gens-là
vivent moitié dans la rue, moitié dans l'eau; comment vivre
à l'intérieur? Jamais ils n'entrent dans leurs maisons, qui
ont l'air sordides; ils arrivent sur vous tout dégouttants

d'eau et de sueur, demi-nus, dépenaillés, comme on ne peut
se le figurer. Les femmes sont laides et s'habillent avec des

Intérieur de la *Santa Casa*, à Lorette.

fichus rouges et des mantilles blanches; les abbés et les
moines courent les ruelles, les uns propres, les autres sales; les
marchands de macaronis et de limons en plein air pullulent;
on respire des odeurs indescriptibles, un mélange de marée,

de friture, de pommade à la rose et de poussière humide; oui, vraiment, c'est l'Orient, ou plutôt la pourriture orientale et celle d'Occident, le trait d'union des déliquescences.

Cependant, malgré tout, ils sont heureux ou semblent l'être; la ville paraît en joie. L'hôtel où je logeais une première fois s'appelait *albergo de l'Allegria*: je n'y ai jamais dormi, cela ne m'a pas réjoui outre mesure; mais comment dormir *via di Toledo?* Non, voilà! un Napolitain jour et nuit est dehors à se démener comme un possédé; c'est le *struggle for life*: il doit vivre, cet homme! Il couche dans un bouge, il porte le manteau troué que l'on sait, il a besoin de deux sous de macaroni pour son repas; quand, après avoir bien crié de six heures du matin à six heures du soir, il les a trouvés, de six heures du soir à six heures du matin il manifeste son allégresse; or ils sont quatre cent mille à agir de la sorte. Je conseille, quand on voudra respirer un peu, d'aller se réfugier dans un hôtel de Chiaja.

Les églises sont curieuses, non pas précisément comme monuments, mais pour étudier la population. On y voit beaucoup de dévotion; des gens s'agenouillent devant l'autel de la Madone des Sept-Douleurs; ils prient, ces Napolitains, et ils sont consolés. Qui donc prétendrait leur enlever cela?

J'ai vu dans une église l'enterrement ou le service d'un cardinal, avec une bière recouverte de velours rouge; c'était très beau. Dans une autre, j'ai vu cinq ou six de ces statues voilées d'une gaze de marbre qui laisse apercevoir les traits de la figure et les contours du corps; le triomphe de la statuaire moderne italienne. Je n'ai pas vu la fiole qui contient le sang de saint Janvier, mais je suis monté à San-Martino, où l'on m'a montré la salle des reliques. Reliquaires tout en or et en argent, sur lesquels le soleil vient se jouer, ce qui produit un effet grandiose. Il fait bon là-haut; mais, pour y arriver, par combien d'escaliers malpropres il a fallu passer! Et puis, voici: j'affirme qu'un soldat là-haut m'a demandé un pourboire!...

Je ne peux pourtant pas tenir rigueur aux Napolitains. Quand on pense à ce qu'a été cette ville au point de vue politique, on est tenté de lui pardonner bien des choses. On ne peut, en effet, rencontrer de peuple qui ait eu plus de maîtres que celui-là; quelquefois il ne savait plus où donner de la tête, ballotté de ci, de là, comme une épave que le flot rejette tantôt à Sorrente, tantôt à Ischia, tantôt au Pausilippe ou ailleurs. D'abord nous voyons que Naples ou Parthénope est une colonie de la Cumes de Campanie, qui elle-même est une colonie de la Cumes d'Éolie. Rome s'empare de Naples en 327 avant J.-C.; celle-ci est conquise par les Ostrogoths, reprise par Bélisaire; Totila la reprend, puis l'empire grec. Elle forme le duché de Naples et devient une république du IXe au XIIe siècle.

En 1135, elle se soumet au Normand Roger II; c'est la dynastie normande.

Après successivement règnent sur elle :

La dynastie des Hohenstaufen;

Mainfroi, frère de l'empereur Conrad IV;

Le pape Innocent IV;

Mainfroi, de nouveau;

La maison d'Anjou;

Le roi de Hongrie, Louis le Grand;

La reine Jeanne;

La maison d'Anjou une seconde fois;

Alphonse d'Aragon;

Charles VIII de France;

Louis XII;

Ferdinand le Catholique;

La dynastie d'Autriche-Espagne;

Le duc de Guise;

Philippe IV de Bourbon;

Charles III d'Autriche;

Don Carlos (III d'Espagne);

Les Français avec Championnet;

Joseph Napoléon;

Ferdinand Ier;

Joachim Murat;

Ferdinand II;

François II;

Victor-Emmanuel, roi d'Italie, à qui Garibaldi la donne.

4*

Est-il possible de trouver un pays qui ait été aussi agité au point de vue politique? Si vraiment le caractère des Napolitains n'était pas un caractère essentiellement agité et remuant, Naples aurait dû mourir vingt fois, et vingt fois cette pauvre cité renaquit de ses cendres. Jamais un volcan n'a été mieux placé que dans son voisinage; le Vésuve est l'emblème de cette ville, c'est un pays de laves au physique comme au moral.

Ce Vésuve nous attirait; nous finîmes par l'aller voir. A Naples, quand le volcan ne vient pas vous trouver, on va lui faire une visite, comme Mahomet faisait pour les montagnes. Maintenant on monte là-haut en funiculaire :

Funiculi, funicula!

A-t-on assez chansonné ce pauvre chemin de fer? De notre temps, nous n'étions pas aussi favorisés; on montait avec une corde, tout simplement. Un homme prenait un bout de filin, le laissait pendre derrière son dos; le malheureux voyageur saisissait le bout de la ficelle, et le malheureux *lazzarone* vous hissait derrière lui, en suant à grosses gouttes. C'est invraisemblable, mais c'est ainsi. Je vous laisse à penser la figure qu'on faisait, l'un portant l'autre, dans des flots de poussière; j'aime mieux la *ficelle* de maintenant, c'est encore le nom du funiculaire.

Eh bien! j'ai fait cela et mieux encore; car, en revenant à Paris, un vieux savant de l'Institut m'a dit que j'avais accompli une excursion scientifique; il me regardait avec admiration et envie, étonné que je fusse revenu, doutant un peu que je fusse véridique dans mes récits. Je suis descendu dans le cratère; j'ai passé à la base du grand cône; j'ai enjambé un torrent de lave ardente sur un pont de lave durcie. A ce moment-là, supposons que le pont se fût écroulé, je m'enfonçais dans la matière ignée et brûlais comme un chrétien du temps de Néron, une torche vivante !

Après ou avant le Vésuve, on va à Pompéi; c'est obligatoire. Il est bien difficile de ne pas penser à la vie antique au milieu de ces maisons et dans ces rues, sur ces places où on la saisit sur le vif. Toutes les maisons sont rasées à une certaine hauteur; la lave a conservé le reste; mais ce reste est très suffisant pour avoir une idée complète. C'est fort heureux pour les archéologues et les amoureux d'histoire que Pompéi ait été brûlée et, au rebours de ce qui a toujours lieu en pareille occurrence, non anéantie, mais conservée presque intacte dans sa meilleure moitié.

Que je sois dans la basilique du Forum, ou au temple de Vénus, ou dans celui de Mercure, qui a un si joli autel, ou aux Thermes, ou le long de la colonnade du quartier des soldats, ou au théâtre, ou à l'amphithéâtre, ou au four, ou dans les maisons de Pansa, de Salluste, de Marcus Lucretius ou de Cornelius Rufus, ou sur la voie des Tombeaux, je vis avec ces Romains qui ne vivaient pas du tout comme nous. Mais ils vivaient bien; voyez les nombreuses amphores rangées le long des murs, dans les caves de Diomède!

Ils ne s'inquiétaient pas du reste du monde, ces hommeslà; pour eux, la patrie, la ville natale, c'était tout, au contraire. « Quelques milliers d'hommes braves et fiers, dit Taine [1], qui vivent sobrement, qui ont une demi-chemise et un manteau; qui se complaisent à voir sur leur colline un groupe de beaux temples et de statues, qui causent d'affaires publiques, passent leur journée au gymnase, au forum, au bain, au théâtre, se lavent, se frottent d'huile, sont contents de la vie présente, voilà la cité antique. »

Ces anciens passaient leur vie au dehors; ils ne rentraient chez eux que pour dormir ou pour manger au frais, dans des salles petites, sans ouverture sur la rue, des *patios* sévillans, ornées de peintures sobres et gracieuses, enjolivées de vasques et de fontaines murmurantes, invitant à la sieste et au repos. Et puis après ils couraient de nouveau à leurs affaires et à leurs plaisirs. Taine cite encore à propos d'eux un dialogue de Platon, où Hippias dit que « ce qu'il y a de plus beau pour un homme, c'est d'être riche, bien portant, honoré par les Grecs, de parvenir à la vieillesse, de faire de belles funérailles à ses parents quand ils meurent, et de recevoir lui-même de ses enfants une belle et magnifique sépulture ».

[1] *Voyage en Italie*, t. I.

Tout cela est très beau ; mais les matérialistes disent
encore la même chose aujourd'hui pour nous, qui ne jouissons pas comme les Pompéiens de la vue d'un beau ciel,
d'un beau site et des belles colonnades des temples ou des
forums, vivant séquestrés dans nos lourdes maisons à cinq
étages, dans nos bureaux poussiéreux et dans les mille mal-

Éruption du Vésuve.

propretés des industries inconnues à l'antiquité. Tout cela
est très bien ; mais combien triste aussi ! Le paradis de
l'homme est-il donc sur la terre, et bon gré, mal gré, ne
lui faut-il pas souffrir ? Il n'y avait donc pas de malades à
Pompéi, de pauvres, de déshérités ? Les larmes n'y ont-
elles jamais coulé ? Ah ! et les fosses du cirque ne contenaient-
elles point de gladiateurs ? les *ergastula* n'étaient-ils point
remplis d'esclaves ? Et ces gladiateurs et ces esclaves ont-ils
aimé ? Ceux qui s'aimaient ont-ils été violemment séparés ?
Les lamproies des viviers n'avaient-elles point faim de la
chair blanche du Grec et du Barbare ? Le maître n'avait

jamais de caprices? non, jamais? Déjà, en 63, un tremble-
ment de terre avait renversé la moitié de la ville; en 79, le
reste fut enseveli; qui peut dire alors ce que fut cet effroyable
moment? Si les Pompéiens ont été si heureux, ils l'ont bien
expié!

Ce Vésuve a beau être là comme une perpétuelle menace;

Pompéi.

tant pis! nul pays n'a un aspect plus riant. Nous allâmes
à Torre del Greco; on s'y amusait ferme, dans une poussière inouïe, toujours la poussière de lave. Quelle végétation peut convenir à un pareil sol, si ce n'est celle d'A-
frique? Aussi voilà les cactus avec leurs raquettes grises,
les aloès avec leurs sabres pointus, les palmiers avec leurs
grands éventails; et par là-dessus un soleil! une chaleur!
Comment peuvent-ils se remuer ces gens-là? Ils se remuent
pourtant beaucoup plus que les Africains, dans le même
cadre et sous les mêmes rayons. Plus tard, en Sicile, je
devais constater des phénomènes pareils, à Palerme, à Sé-

linonte, à Calatafimi. Ces petits hommes rabougris, ces
femmes noiraudes, ces gamins bruns, sont enragés, par une
chaleur de 30 à 35 degrés ; que ne feront-ils pas pour
gagner quelques sous ? Ils feront l'impossible, et l'impossible pour eux, c'est quelquefois un coup de stylet ou un
coup de fusil. Ils sont pauvres, archipauvres, et ce n'est pas
leur gouvernement qui les enrichira.

Il est vrai qu'il faut bien peu pour vivre dans ce brûlant
pays. Celui qui possède deux oliviers et trois orangers peut
farnienter tout le long du jour; or aller à Sorrente par
Castellamare, ce n'est qu'une forêt d'orangers et d'oliviers !
Oh! la contrée divine, le béni paradis, tout embaumé de
senteurs aromatiques, qui nous grisent si facilement, nous
autres gens du Nord ! Je me demande comment les Normands ont pu se dégriser; ils étaient bien du Nord, ces
conquérants! Mais, voilà! ils auront pris les orangers pour
des pommiers de Normandie, avec leurs têtes rondes, leurs
branches chargées de fruits. Et mes rusés matois auront
vite oublié leur patrie au milieu des délices de Capoue.
Inter pocula sans doute, ils chantaient, puisqu'on chante
en buvant les vins généreux comme le capri, le lacryma-
christi. Mais ils ne chantaient plus :

> J'irai revoir ma Normandie,
> C'est le pays qui m'a donné le jour...

Ce ne sont que jardins s'étageant sur d'autres jardins, avec
des colonnes élancées ou de blanches statues enlevées peut-
être à quelque temple et se cachant sous les ramures. « Le
golfe entier, dit Taine, semble un vase de marbre arrondi
exprès pour recevoir la mer. » Dans ce coin de terre privi-
légié tout est grâce et harmonie, et si d'aventure de cette
chétive cabane sort sur le pas de sa porte une brune *conta-
dina,* tenant son *bambino* entre les bras, regardez, admirez,
c'est un tableau de Raphaël.

Cette impression d'une terre artistique vous suit partout
en Italie. Arrêtez-vous quelque part que ce soit, rien n'est
banal. Nous nous rapprochons de Rome, la patrie de l'art

classique, et nous passons la journée à Albano. Voici encore
un lac de toute beauté; mais si mignon, si petit! Renan est
venu rêver sous les ombrages de cette *galleria di sopra,* si
joliment campée sur la croupe des monts; il avait à gauche
le château pontifical de Castel Gondolfo; derrière lui, les
paysans s'agenouillaient, le temps d'un *Ave Maria,* devant
les statues de la Madone qu'on rencontre de temps en temps,
bordant une rustique chapelle, et le malheureux dévoyé n'a
pensé qu'à une chose dans cette atmosphère de calme religieux, au *Prêtre de Némi!* Hélas! malgré tout, on aurait
pu croire qu'il avait conservé au fond du cœur une étincelle
tombée de ce flambeau qui s'appelle la foi, et la foi du Breton
est encore plus croyante.

« Il mourra entre un prêtre et une sœur de charité, »
me disait un de ses collègues à l'Académie, il y a quelques
années. On sait comment il est mort.

Je ne conseillerais pas trop de s'attarder à Albano. Arrivez
tard à la gare; après avoir eu chaud, vous êtes fatigué, vous
prenez froid et vous avez la fièvre; c'est la loi. Moi, je ne
l'ai jamais eue; mais mon ami D... était pris. Ce soir-là, je
me trouvais dans une grande salle, causant à la fenêtre avec
l'hôtesse et sa fille, pendant que le pauvre garçon grelottait
dans une chambre à côté. On connaît ces grandes salles
à l'italienne, meublées de canapés de canne, avec de larges
baies par lesquelles on aperçoit toujours un paysage fait
pour le plaisir des yeux : une ruine blanchie, un vert bos-
quet, un pin parasol au dernier plan, et sur le tout, la lune
versant des flots de lumière.

VII

La ville qui fait battre le cœur. — Le petit bouquin d'histoire de mes sept ans. — Les quatre Rome. — L'objection de l'*agro romano*. — La campagne à Rome. — Plusieurs points de vue : Sant' Onofrio, Sainte-Sabine, le Janicule, le Pincio et l'Académie de France, la place Saint-Jean-de-Latran. — Le genre des églises romaines. — Palais et inscriptions. — Pauvres Piémontais ! — Tableau de la Rome moderne et intangible. — La monnaie pontificale. — Les vexations des Piémontais. — La vie à Rome.

Roma ! Roma ! Avec Jérusalem, je ne crois pas qu'il y ait au monde un nom qui puisse faire battre le cœur comme celui-là. Non, j'ai un cœur qui a battu fort souvent, mais peu de cette façon, comme à mon arrivée à Rome. J'ai pérégriné dans bien des mondes, et aux approches des endroits célèbres j'étais ému, je l'avoue; mais pas comme ici. Quand je suis arrivé à Paris pour la première fois, à dix ans, mon père m'a fait descendre le faubourg Saint-Martin, un soir, à huit heures, jusqu'aux boulevards. Dieu ! quel ahurissement, quel tapage ! Ce monde, ces bousculades, ces omnibus ! voilà l'impression. Quand je suis arrivé en Chine, il y avait comme un acheminement et une gradation qui m'avaient acclimaté et me laissaient froid, quoiqu'il fît bien chaud à Hong-Kong ! Et puis à Hong-Kong on me disait : « Voilà la Chine ! » Est-ce vraiment la Chine ? Quand je suis arrivé dans le nouveau monde, je n'ai nullement ressenti l'impression de Christophe Colomb. C'est que du temps de Christophe Colomb il n'y avait pas de douaniers; de mon temps, il y en avait de féroces. Je n'avais pas peur pour mon compte; mais je voyais de pauvres dames qui s'arrachaient les cheveux et se meurtrissaient le visage; les droits sont élevés à New-York sur les chapeaux et les robes ! Ça me donnait des distractions. Quand j'irai à Athènes et à Constantinople, je ne sais quelles seront mes impressions.

Mais Rome ! Rome ! Lorsque tout petit, — ah ! j'avais bien sept à huit ans, — je dévorais l'histoire de Romulus, allaité par la louve, ou celle du chevalier qui se précipitait dans un gouffre, ou celle de ce méchant Brutus qui frappait César enveloppé dans sa toge, ou celle de cet impie Coriolan qui portait les armes contre sa patrie, ou celle de ces sénateurs gravement assis sur leurs chaises curules pendant que nos vieux pères leur tâtaient irrévérencieusement la barbe et enfin tant d'autres! les oies du Capitole, les pavots de Tarquin, les victoires d'Annibal, les triomphes d'Auguste, les cruautés de Néron, les débauches de Vitellius et d'Héliogabale, le tout raconté dans un misérable petit volume in-32 dont on rirait aujourd'hui dans les lycées; eh bien! jamais je n'aurais pensé que je viendrais dans cette ville célèbre, qui me paraissait devoir être éloignée de plusieurs milliers de lieues. Il faut dire que je n'étais pas aussi ferré en géographie qu'en histoire; plus tard, j'ai voulu combler cette lacune en courant à travers les continents et les mers; alors c'est la géographie qui a fait du tort à l'histoire; on ne peut contenter tout le monde.

Chose bizarre que les destinées humaines! C'est évidemment la Rome païenne que j'ai goûtée la première; plus tard, en apprenant le catéchisme, je ne me rappelle pas avoir très bien saisi la Rome chrétienne et papale; mais à quinze ans, je savais très bien, grâce à un de mes chers maîtres, ce que c'était qu'un zouave pontifical; alors j'ai aimé Rome et le pape, et j'ai pensé à eux en allant en Italie, sur la route de l'Orient. J'ai vu les grandes cités du Céleste Empire avant de connaître aucune autre cité d'Europe que Paris; au retour, j'ai vu Jérusalem, et ce n'est qu'après Jérusalem que je suis arrivé à Rome; j'y venais autant pour Saint-Pierre et le Vatican que pour le Forum et le Capitole.

Il y a donc plusieurs Rome, c'est incontestable; un auteur célèbre a intitulé un de ses ouvrages : *les Trois Rome;* moi j'en ai trouvé quatre :

La Rome des papes [1],

La Rome des Césars,

La Rome des artistes et des poètes,

La Rome des Piémontais.

---

[1] L'auteur a raconté dans un autre volume ses impressions sur le Vatican et sa visite à S. S. Léon XIII. Voir *Italie et Sicile,* Tours, A. Mame, 1886.

A première vue, on s'aperçoit que Rome n'est pas une ville comme les autres; ceci dit pour l'artiste et le poëte. Aussi il admire la Rome des Césars et celle des papes, et il n'ira guère du côté de la gare du chemin de fer qui entoure la Rome des Piémontais. Et ce qui donne un cachet à la ville éternelle, si bien nommée, c'est la campagne qui l'envahit.

D'abord l'*agro romano,* avec ses marais Pontins, ses herbages, ses grands aqueducs, ses vieux tombeaux et ses temples en ruines. « Il faut laisser à Rome, dit Mgr Gerbet, cette banlieue en repos, qui a la majesté du désert sans en avoir l'âpreté et dans laquelle on ne rencontre guère que des troupeaux, des aigles et des tombeaux, ce cimetière mélancolique et nu des agitations et des pompes de l'ancienne Rome, cette solitude de prairies qui, en interceptant les bruits du monde autour de la ville sainte, enveloppe comme il convient de silence et de paix ce grand cloître de la chrétienté. »

Cet *agro* est insalubre, crient les gens positifs; eh oui! je le sais bien; est-ce que Appius Claudius, Cornelius Cethegus, Jules César et Auguste n'ont pas tenté de l'assainir en creusant, par exemple, le long de la voie Appienne, un canal qui recevait les eaux stagnantes venues des montagnes voisines et qui ne peuvent trouver d'écoulement vers la mer, vu la configuration du terrain? Horace n'a-t-il pas dit :

> Regis opus sterilisve diu palus, aptaque remis
> Vicinas urbes alit et grave sentit aratrum.

Et après les Césars, Boniface VIII, Martin V, Léon X, Sixte-Quint ont recommencé la même tâche; Pie VI a même été appelé, pour ses drainages, *il seccatore;* Pie IX a amené les trappistes aux Trois-Fontaines de Saint-Paul, et des eucalyptus gigantesques boivent la fièvre qui autrefois galopait en croupe derrière les voyageurs. Il n'en est pas moins vrai que Rome se trouve entourée du désert, comme l'antique Jérusalem; le désert dispose à la méditation, et il faut se recueillir quand on approche des lieux saints.

« La campagne n'est pas seulement autour de Rome, elle l'envahit de toutes parts, dit Cherbuliez; elle escalade ses antiques murailles démantelées, pénètre au cœur de la place, se répand dans les rues, monte à l'assaut des sept collines, s'y installe victorieusement, les couronne de bosquets, de jardins, et les chaumières se mêlent aux palais, les vergers aux statues, les dômes de verdure aux coupoles des églises. De là, un charme infini, pénétrant, qui n'a point de nom, quelque chose de doux à la fois et de sublime, de rustique et de solennel, l'églogue mariée à l'épopée. »

De là, une foule de points de vue et de surprises qui de tout temps ont ravi le poète. Taine raconte qu'au sortir d'une rue bruyante on longe pendant un quart d'heure un mur énorme couvert de mousse humide; à certain tournant, après avoir passé devant des portes à boulons de fer et des arcades basses, sorties secrètes d'un grand jardin, vous êtes de nouveau au milieu des échoppes et des boutiques et vous tombez devant le portail sculpté d'une église; ici, par une porte entre-bâillée, vous voyez un bois de lauriers, de ces lauriers qui étaient nécessaires aux triomphes des vainqueurs du monde, et de grands bois taillés et un peuple de statues blanches au milieu des verts bosquets et des jets d'eau murmurants; un obélisque, une colonne antique s'élève au milieu d'un marché aux légumes; des baraques sont collées contre un temple ruiné ou un grand palazzo, et par delà vous apercevez encore et toujours des tapis de verdure, des potagers, des palmiers, des orangers, des figuiers, des vignes et des montagnes.

Si l'on a du temps, et il faut toujours en avoir à Rome, le plus grand plaisir qu'on puisse goûter, c'est d'errer çà et là, à l'aventure; au bout de deux ou trois heures, vous aurez rencontré non pas dix, mais cent choses différentes et plus intéressantes les unes que les autres.

C'est ainsi que, courant au hasard, sur le Janicule, j'ai vu, à gauche de Saint-Pierre et du Vatican, ce gentil couvent de Sant'Onofrio et la cellule où le Tasse vint mourir. Dans le jardin du couvent on a une vue idéale sur Rome.

Le Torquato, qui est venu là, y a composé sans doute ce sonnet où il s'écrie dans un élan de tout son cœur chrétien :

« O Rome, ce ne sont point les colonnes, les thermes, les arcs de triomphe que je recherche en toi; mais le sang répandu pour le Christ et les os dispersés des martyrs dans cette terre maintenant consacrée; bien qu'une autre terre l'enveloppe et la recouvre partout, oh! puissé-je lui donner autant de baisers et de larmes que je puis faire de pas en traînant mes membres infirmes! »

Chateaubriand disait, quand il était ambassadeur à Rome, qu'il s'était arrangé pour avoir un réduit près de la chambre du Tasse et pour y mourir.

C'est ainsi que j'ai vu le couvent dominicain de Sainte-Sabine qui se dresse sur la croupe abrupte de l'Aventin, au-dessus du Tibre. Lacordaire y a fait son noviciat; du haut de la terrasse couverte d'un berceau, on aperçoit Saint-Pierre, Saint-Onuphre, Saint-Pierre-au-Mont-d'Or et Rome tout entière. A côté de Sainte-Sabine, en cherchant bien, on trouvera le prieuré de Malte.

Maintenant, montons sur le Palatin, au couvent des franciscains, bâti sur l'emplacement du palais impérial, et, accoudés sur la terrasse, regardons devant nous, à nos pieds; c'est l'énorme Colisée, la *Meta sudans*, la fontaine des gladiateurs, les deux dômes de Sainte-Marie-Majeure, les montagnes de la Sabine, sur le Cœlius le couvent de Saint-Jean-et-Saint-Paul et celui de Saint-Grégoire; on peut même, en se retournant, apercevoir la Méditerranée.

Revenons encore au Janicule. Ce côté de Rome est si gracieux, si tranquille! On sort par la porte San-Pancrazio; c'est par là que les Français sont entrés à Rome en 1848; le palazzo Savorelli, à gauche, a été aussi le quartier général du fameux Garibaldi. On suit la muraille de la ville jusqu'à la porte *Cavallegieri*, que nos soldats appelaient la porte de la *Cavalerie légère*, et l'on a de belles échappées sur les pins parasols de la villa Pamphili et sur les derrières du Vatican.

Pendant l'hiver, les vieux cardinaux romains, presque

Le Forum.

sûrs de ne point rencontrer d'étrangers curieux dans ces parages, viennent dans l'après-midi, après le conseil du palais pontifical, s'y promener et se réchauffer au bon soleil; on y voit encore sur les murs les abeilles du blason du pape Urbain VIII, de la famille des Barberini.

Un peu plus bas, c'est l'*Eau Pauline*, cette superbe fontaine, au vaste bassin de marbre et aux six colonnes de granit oriental, perdue là-haut, comme la magnifique basilique de Saint-Paul *hors les murs* est perdue dans l'*agro*. Les fontaines sont des merveilles à Rome qui possède de si belles eaux : la fontaine du Triton, la fontaine de Trevi, les fontaines de Saint-Pierre, de la place Navone, l'*Aqua Argentina* du *Cloaca Maxima* et tant d'autres! Dans la cour des habitations romaines, il y a toujours une fontaine ou un jet d'eau; rien de poétique et de doux comme cette eau pure et limpide, qui donne une impression si rafraîchissante quand on arrive du dehors après une course un peu forcée, les jours de canicule.

Comment ne parlerais-je pas du point de vue du Pincio, d'où on contemple si bien Saint-Pierre dans sa majesté solitaire? A côté se trouve l'Académie de France, fondée par Louis XIV; avec le Pincio et la villa Borghèse, c'est l'endroit préféré des gens du monde, à Rome; on y vient se promener en voiture, on y étale des toilettes; ce sont les Champs-Élysées de Rome.

Le Poussin, David, Gros, Ingres, Vernet, Pradier, et tant d'autres ont été citoyens romains pendant des années; plusieurs sont morts ici. Le Poussin a son tombeau à Saint-Laurent *in Lucina*, et Claude Lorrain son épitaphe à Saint-Louis-des-Français; ces artistes nous font honneur, et comme ils comprenaient bien Rome! On raconte que le premier, voulant un jour donner à un étranger un souvenir de Rome, ramassa par terre un peu de sable et de ciment avec un fragment de marbre ou de porphyre, et il lui mit ces débris dans la main, en disant : « Emportez ceci pour votre musée; c'est de l'ancienne Rome. » Pie V avait fait déjà la même chose à l'égard d'un ambassadeur qui lui demandait des reliques; en traversant la place Saint-Pierre, ancien

cirque de Néron, il prit un peu de poussière et la donna à
son interlocuteur en disant : « Voici de la terre arrosée du
sang des martyrs; ce sont de vraies reliques. » Ce n'est pas
pour une autre raison que les papes ont défendu, sous
peine d'excommunication, de dérober quoi que ce soit dans
les catacombes.

Autre point de vue : le Forum, la Mamertine, l'arc de
Septime Sévère, celui de Constantin, ce grand *Campo Vac-
cino* avec ses colonnes, ses temples transformés en églises,
Saint-Laurent *in Miranda*, Sainte-Marie-Libératrice, l'arc
de Titus, les bosquets du Palatin, le Colisée.

Autre point de vue encore : la place Saint-Jean-de-Latran.
« Il n'y a rien d'égal à Rome, dit Taine, et l'on ne peut
imaginer un spectacle plus simple, plus grave et plus beau!
D'abord la place en pente, énorme, déserte. Au delà une
esplanade, où l'herbe pousse; puis une longue allée verte
où s'allongent des files d'arbres; tout à l'extrémité sur le
ciel une grande basilique, Santa-Croce, avec son campanile brun et ses toits de tuiles. On n'a pas l'idée d'un tel
déploiement d'espace si bien peuplé, d'une solitude si
calme et si noble! Les paysages qui l'encadrent sur les
deux flancs l'ennoblissent encore. Sur la gauche, se hérisse
un entassement rougeâtre d'arcades ruinées, de massifs
démantelés, la vieille ceinture disloquée de la muraille de
Bélisaire; sur la droite, se développe la large campagne; au
milieu, un aqueduc éclairé; dans le lointain, des montagnes
rayées et bleuâtres, marbrées de grandes ombres et, çà et
là, tachetées de villages blancs. L'air lumineux enveloppe
toutes ces grandes formes; le bleu du ciel est d'une douceur et d'un éclat divin; les nuages y nagent pacifiquement
comme des cygnes, et de toutes parts, entre les briques
roussies, sous les créneaux disjoints, au milieu du réseau
des cultures, on voit se lever un bouquet de chênes verts,
des cyprès, des pins, illuminés par le soleil qui penche. »

Celui qui a fait cette description, assis sur l'escalier du
triclinium, au milieu du silence profond, devant « ces grands
édifices de pierre, relégués dans un coin oublié et qui
semblent, comme des exilés, avoir acquis dans leur soli-

Le tombeau de Jules II et le *Moïse* de Michel-Ange.

5

tude une sérénité harmonieuse qui augmente leur dignité, »
celui-là a compris la paix, la noblesse et le charme de Rome.

J'aimais donc surtout ces courses quotidiennes qui m'ap-
prenaient tant de choses, car cette ville est comme un
résumé du monde; mais je n'avais garde de négliger la
visite des monuments : églises, musées et palais procurent
aussi les plus pures et les plus douces jouissances.

Les églises à Rome ne ressemblent en rien à nos églises
du nord, à ce gothique élancé, image de nos majestueuses
forêts dont les cimes portent l'âme vers Dieu. Sans doute,
Saint-Pierre est un *Te Deum* en marbre et en mosaïque et
l'apothéose monumentale du catholicisme; mais Saint-Jean
de Latran, Sainte-Marie-Majeure, Saint-Paul, sont d'admirables temples. Les églises en général, — il y en a trois cent
quarante, — sont presque toutes du xviie siècle ou de la fin
du xvie, et ce n'est pas l'époque de l'art; c'est du luxe,
c'est de la décoration appliquée à la renaissance païenne et
altérée. Sainte-Marie-Majeure a deux belles rangées de
colonnes grecques supportant la voûte horizontale; à Saint-
Jean, les pilastres plaqués et les arcades valent beaucoup
moins; le *Gesu* est d'un goût riche, mais douteux.

Vivent les palais romains! La ville en regorge; on en voit
partout et ils témoignent de l'opulence des siècles passés :
les princes, les neveux des papes, les cardinaux logeaient
là et ils y logent encore, mais non plus dans les mêmes
conditions; ils sont pauvres ou à peu près; pourtant les
palais Farnèse, Sciarra, Doria, Barberini, Rospigliosi ont
fière mine toujours; le palais Borghèse porte orgueilleusement inscrit sur son front :

PAULUS V, BORGHESIUS ROMANUS [1].

Rome est la ville des inscriptions pompeuses en lettres
larges et hautes; c'est un reste de l'antiquité. Ils aiment
les belles lettres, bien formées, qui tirent l'œil, comme les
Chinois les aiment, comme nous les aimons; seulement

[1] Pauvre palais Borghèse, devenu le quartier général de la franc-maçon-
nerie italienne !

noùs, nous les mettons sur nos magasins et nos boutiques,
eux les placent sur les monuments publics, au bon endroit.
Ainsi, voilà un pape qui élève une manufacture de tabac,
vite une inscription sur le portail :

> PIUS P. P. IX. FECIT
> Nicotianis foliis elaborandis
> Officinam aptiorem
> A solo extruxit
> An. MDCCCLXIII.

Ou bien encore on composera un joli distique comme celui
d'Urbain VIII, à propos de la fontaine de la place d'Es-
gagne, où deux canons laissent échapper l'eau par la
gueule :

> Bellica pontificum non fundit machina flammas,
> Sed dulcem, belli qua perit ignis, aquam.

Les papes ont toujours su faire les vers latins; Léon XIII
ne le cède pas à ses prédécesseurs; je crois même qu'il les
surpasse tous. Il est vrai qu'on leur répondait dans la
même langue. On répondit à Urbain VIII :

> Carminibus fontem, non fonti carmina facit
> Urbanus vates : sic sibi quisque placet.

Ces villas et ces palais me faisaient rêver. Où est le temps
où elles retentissaient du bruit des cortèges et des fêtes?
C'était la grande vie aristocratique. Sous les portiques de
marbre, les prélats et les seigneurs se promenaient gravement, entourés d'une cour élégante d'artistes qu'ils patro-
naient, et la vie semblait n'avoir qu'un but : le beau, l'art!
Aussi les palais romains sont encore à présent remplis
de chefs-d'œuvre; un peuple de statues, de tableaux, d'objets
d'orfèvrerie les anime et les éclaire. Quant aux musées, ils
comptent parmi les premiers du monde. Michel-Ange trône
au Vatican avec le *Jugement*, et à Saint-Pierre-aux-Liens
avec le gigantesque *Moïse*, que je me rappelle avoir vu un
soir, au moment du crépuscule, si grand et si terrible que
j'en étais effrayé; Raphaël, avec ses deux manières, trône
au Vatican dans les *Loggie*, les *Stanze* et la *Transfiguration*,
et à la Farnésine dans les *Pendentifs* et les *Psychés*.

J'oublie tous les antiques à Rome, le *Laocoon*, l'*Apollon*, le *Torse*, pour les chefs-d'œuvre du XVIe siècle. Quand, pendant toute une journée, vous les avez contemplés, vous êtes devenu comme un citoyen de la Renaissance.

Pauvres Piémontais, que faites-vous donc à Rome, au milieu de ces souvenirs? Qu'y a-t-il de commun entre vous et la Renaissance, imitation de l'antiquité? Vous êtes si modernes!... On dit que votre souverain est un homme patient, prudent, doux et tranquille; on dit votre reine parfaite. Hélas! combien doivent-ils s'ennuyer dans leur palais! Leur palais! le Quirinal! Victor-Emmanuel II n'osait y demeurer... C'est dur de coucher dans ces lits où reposaient ces bons vieillards dont la main ne se levait que pour bénir; c'est dur d'être de bonne noblesse et de race royale et sainte et d'avoir pris le bien d'autrui, le bien du prêtre, de l'Église et des pauvres! c'est dur de voir que Dieu s'est retiré de vous; car vous ne réussissez pas, et vous avez toujours devant vous vos péchés. O roi! ô reine! pouvez-vous lire votre poète préféré sans frémir?

> Veggio in Quirinal entrar l'excommunicato
> E nel vicario suo Christo esser catto
> Veggio il nuovo Pilato si crudele...

Non! non! ce crime, cet essai de moderniser Rome n'a pas réussi; cette ville neuve, qui s'étend entre la *porta Salara* et la *porta Pia*, forme un trop douloureux contraste avec l'*antica Roma!* Dans cette longue rue Léopardi que de maisons inachevées et croulantes! quelle tristesse dans cette rue Napoléon! sur cette place Victor-Emmanuel! Et, à part les chapelles protestantes, pas une église dans ces quartiers nouveaux! O honte! il faut que des étrangers, des Français, viennent y construire un temple catholique, qu'ils dédient au patron de ce vieillard, prisonnier volontaire au Vatican, mais entouré des ambassadeurs des puissances, honoré comme un roi, vénéré comme un saint.

Et vous avez beau faire, vous mourez; vos finances sont dans le désarroi, vos soldats n'ont excité chez votre allié allemand qu'étonnement et pitié; votre autre allié est trop bon catholique pour ne point vous abandonner un jour, et il n'ose venir vous serrer la main dans cette ville où il y a deux souverains, dont l'un est de trop.

Ah! misère! les choses sont ainsi pourtant. En 1872, dans cette large voie du Vingt-Septembre, le mètre carré de terrain coûtait quarante centimes, puis après monta à quatre francs; en 1882, il était de quatre-vingt-dix francs; on pensait que Rome allait se métamorphoser et devenir un autre Paris, une véritable capitale moderne. En 1890, le prix du mètre carré tombait à vingt-cinq francs. Les spéculateurs s'étaient ruinés. La Rome nouvelle se meurt; on dirait vraiment que les Piémontais ont le mauvais œil. Les Romains, les vrais, doivent porter à leur montre, en breloque, la petite corne d'or ou de corail pour conjurer la *jettatura!*

Et puis, quoi? Quel mouvement mondain y a-t-il à Rome? Maintenant que l'aristocratie est mêlée, les vieilles familles romaines, les Orsini, les Colonna, les Odescalchi, les Borghèse et les Rospigliosi ont-ils l'autorité et le prestige d'autrefois? Tel noble vénitien ou génois s'estimera bien plus élevé qu'un prince romain, et de noblesse meilleure; car il dira qu'il y avait des doges dans sa famille, alors que les ancêtres du prince n'étaient que des bandits de l'*agro romano,* attendant qu'un des leurs devînt moine ou pape pour annoblir les siens.

Les petits jeunes gens copient le mieux qu'ils peuvent la jeunesse dorée de Londres ou de Paris; ils vont aux courses de *Tor di Quinto;* ils ont un cercle, celui de la Chasse, et quand un clubman de la rue Volney ou de la rue Boissy-d'Anglas arrive à Rome par hasard, on se l'arrache, on le montre, on en fait parade. Quelle pitié! Les meilleurs parmi ces nobles sont encore ceux qui font une *combinazione,* à mauvais jeu bonne mine, et qui se livrent à l'exploitation rurale, administrant leurs biens, vendant leurs chevaux, leurs vers à soie et leurs vins.

On est surpris à Rome de voir ces grands *palazzi* dont nous avons parlé vides et moroses; — il y en a bien cent cinquante. — Des cours immenses et personne dedans; les bâtiments sont trop grands maintenant. Le maître loge au quatrième, dans deux ou trois pièces ; le reste est délabré et sent le moisi ; les marches des grands escaliers sont descellées, les meubles fanés, les domestiques réduits, les carrosses et les chevaux vendus. Qui est-ce donc qui a dit que l'aristocratie romaine ressemblait à un lézard niché dans la carapace d'un crocodile antédiluvien, son grand-père? le crocodile était beau, mais il est mort. Je crois que c'est encore ce fin observateur, Taine.

Ils n'ont pas le sou. Tout le secret de leur existence est là. Les Piémontais les ont ruinés ; plus d'argent en Italie. C'est nous qui possédons en France, dans nos bas de laine, les pièces de cent sous à l'effigie de Victor et d'Humbert. S'ils en ont encore quelques-unes, ils peuvent regarder mélancoliquement l'inscription gravée sur le pourtour : *Fert, Fert. Fert* quoi? Les papes étaient plus riches ; ils battaient monnaie pour les pauvres, et les inscriptions des petites pièces depuis Jules II sont touchantes :

Fac ut juvet.
Habetis pauperes.
Væ vobis divitibus !
Ferro nocentius aurum.
Impleti illusionibus.
Abundet in gloriam Dei.
Benefac humili.
Quid prodest stulto ?
Modicum justo.
Erigit elisos.
Oculi ejus in pauperem.

Ou celles-ci : « Donnez aux pauvres. — Pour la nourriture du pauvre. — Le juste aime la cause du malheureux. — Donnez et l'on vous donnera. — Malheur à vous qui êtes rassasiés ! — Dieu aime le donateur joyeux. — Donnez, afin qu'il ne vous soit pas funeste. — Il vaut mieux donner que recevoir. — Quel est le pauvre? L'avare. »

Autant de leçons, d'avertissements, de réprimandes données dans la forme la plus bénigne, la plus charmante, la plus quotidienne, la plus chrétienne et la plus antique. Qu'est-ce qui n'était pas antique dans Rome avant l'annexion?

Je sais bien qu'il y a des gens qui trouvent que tout est pour le mieux dans le meilleur des mondes. Ils ne sont pas difficiles; on ne peut contester que tout est en souffrance à Rome : la raison s'en trouve dans la question romaine et pontificale. Le pape est l'épine dans le pied, la flèche dans le talon d'Achille, et Humbert n'est Achille que dans cette circonstance. Qu'on chasse le pape, cela fera un bruit formidable et cela n'avancera rien. Rome deviendra encore plus misérable, car les étrangers du monde entier iront là où le pape sera. En attendant, il n'est guère de vexations qu'on ne lui ménage, à ce pontife si gênant; témoin l'affaire des pèlerinages.

Je suis d'avis que les directeurs de cette manifestation auraient pu prendre des mesures radicales en fait de prudence, et, par exemple, interdire absolument la visite au Panthéon, qui renferme comme le palladium de la Rome moderne dans le tombeau du roi *galantuomo*; il y a des palladiums partout; celui des Piémontais est ici. On n'aurait pas vu le vieux temple d'Agrippa, soit; c'était pourtant dur pour des pèlerins de ne pas visiter l'endroit où Boniface IV fit déposer, en 608, sous le maître-autel, vingt-huit chars remplis de reliques de martyrs. Mais on a oublié les tombeaux des martyrs pour un autre tombeau qui passe avant et qui est l'arche sacro-sainte, à laquelle on ne peut pas toucher sous peine de graves événements; on le fit bien voir aux pèlerins. Ceux-ci étaient jeunes et enthousiastes. Qu'ont-ils fait? Ils n'auraient pas fait grand'chose que c'était déjà trop; on veillait sur leurs moindres gestes, leurs moindres paroles; une étincelle mit le feu aux poudres, et je me rappelle qu'il y avait là un officier de l'armée, un marin je crois, qui joua un fort vilain rôle dans tout ceci.

Je n'ai jamais vu Rome qu'après l'annexion, mais je me figure bien comment les choses étaient sous l'ancien régime. La vie a toujours été facile ici au point de vue matériel; elle n'est pas chère; je suis sûr que l'on peut, en dépensant trois ou quatre mille francs par an, être au large. Les restaurants ne payent pas de mine souvent, mais quelques-uns sont excellents; il faut les connaître. On mange bien, et pour

Sainte-Marie-Majeure.

quelques francs. Autrefois même la tasse de café coûtait trois sous. Les cochers romains sont de braves gens, qui ne ressemblent nullement à leurs confrères.parisiens. Les hôtels italiens coûtent moins que les grands hôtels cosmopolites. On peut aussi aller loger dans une maison particulière, mais alors en se soumettant à toutes les exigences romaines : pas de concierges, pas de propreté dans les escaliers, pas de gaz ni de quinquets le soir... Au moins c'était ainsi de mon temps.

Tous ces Romains sont gentiment habillés; mais ils mettent tout ce qu'ils gagnent sur leur dos et jouent à la loterie avec rage. Dans les maisons et les salons, on cancane à qui mieux mieux. A ce point de vue, Rome ne sera jamais qu'une ville de province, et pas du tout une capitale. Au fond, tout en étant fiers d'être citoyens de l'Italie une et indivisible, ils doivent regretter l'ancien état de choses : le gouvernement paternel du Vatican, l'absence des lourds impôts, les beaux cortèges des rues, les splendides cérémonies de Saint-Pierre et l'apparition du pontife à la *loggia,* le jour de Pâques, pour la bénédiction *urbi et orbi.* Maintenant tout s'accomplit à l'intérieur; une fonction à la Sixtine, c'est beau, mais trop renfermé.

Et celui qui regrette le plus l'ancien régime, c'est l'artiste et le poète. En entendant parler d'invasion piémontaise à Rome, M. Ingres s'écria un jour : « Ah ! mais, ce serait une nouvelle invasion des barbares. Ces gens-là seraient capables de faire un manège du Colysée et d'établir des usines sur le mont Aventin. Nous n'avions plus dans le monde que ce seul point qui ne fût pas envahi par la banalité moderne, qui fût réservé aux grands souvenirs de l'histoire, aux grandes inspirations de la poésie et de l'art, et ils veulent aussi nous l'enlever ! Artistes, retrouverons-nous donc toujours et partout cette maudite révolution avec ses instincts destructeurs et sa haine de toute grandeur et de toute beauté ? »

VIII

Ce qu'est Florence. — Le décret pour la construction du *Duomo*. — Brunelleschi, Donatello et Ghiberti. — Un souvenir des États-Unis. — La passion d'art. — Fra Angelico de Fiesole, le peintre du ciel. — Les *Uffizi* et le palais Pitti. — Le concile de Florence. — Réception de l'empereur Jean Paléologue et du patriarche de Constantinople. — Magnifique spectacle de la réunion des deux Églises grecque et latine. — La profession de foi des patriarches. — Les députés éthiopiens. — Deux cardinaux grecs. — Aventure bizarre d'Isidore de Russie.

Deux gares de chemin de fer, de nombreux hôtels, restaurants et cafés, une douzaine de tramways, de riches magasins, neuf théâtres, quatre bibliothèques, six galeries de tableaux, quatre musées, deux promenades superbes, une cathédrale, un baptistère, un vieil hôtel de ville très pittoresque, cinquante palais, des églises en quantité, des tombeaux renommés, des couvents et des cloîtres embellis par des fresques célèbres, l'Arno, ses quais et ses ponts, le ciel bleu, un cirque de montagnes vertes; plus de cent cinquante mille âmes circulant dans ce paradis, telle est Florence. C'est une capitale, la vraie capitale de l'Italie unifiée; les Piémontais ne l'ont pas compris, tant pis pour eux! il leur en cuira; il leur en cuit. Les étrangers, eux, ne sont pas aussi sots; avec Paris et Vienne, pour vivre agréablement, ils savent bien qu'il n'y a que Florence; aussi la colonie étrangère a-t-elle envahi la ville; les Anglais y pullulent; beaucoup de Russes aussi. Vous verrez qu'un jour les Italiens seront bien aises de retrouver ce siège de gouvernement. Mon Dieu! quelle galère pour eux que cette Rome! il a fallu une tête brûlée comme ce Garibaldi pour les jeter de ce côté-là...

Se promener le soir sur la place de la Seigneurie, au pied du vieux palais, comme à Venise sur la Piazza, de-

Cathédrale de Florence.

vant Saint-Marc, c'est tout ce qu'il y a de plus charmant,
de plus doux, de plus reposant. Je ne voudrais pourtant
pas habiter Florence; car on se fait une habitude de tout,
et je ne veux pas me gâter; j'aimerais encore tant retourner
là-bas! Et puis ce Dôme, ce Baptistère! Comme ces gens-là,
qui ont conçu et fait ces monuments, avaient l'âme noble!
Écoutez le décret publié en 1294 :

« Attendu qu'il est de la souveraine prudence d'un peuple
de grande origine de procéder en ses affaires de telle façon
que par ses œuvres extérieures se reconnaisse non moins la
sagesse que la magnanimité de sa conduite, il est ordonné
à Arnolfo, maître architecte de notre commune, de faire des
modèles ou dessins pour la rénovation de Santa-Maria Repa-
rata avec la plus haute et la plus prodigue magnificence,
afin que l'industrie et la puissance de l'homme n'inventent
ni ne puissent jamais entreprendre quoi que ce soit de plus
vaste et de plus beau; selon ce que les citoyens les plus
sages ont dit et conseillé en séance publique et en comité
secret, à savoir : qu'on ne doit pas mettre la main aux
ouvrages de la commune, si l'on n'a pas le projet de les
faire correspondre à la grande âme que composent les âmes
de tous les citoyens unis dans une même volonté. »

Ce document serait capable de me réconcilier avec les
buzurri; car, après tout, ils ont encore dans les veines un
peu de sang de ceux qui l'écrivaient, et ce sang était généreux et pur.

Malheureusement cet édifice est resté sans façade pendant
un long temps; celle qu'on voit aujourd'hui ne date que de
1887, et puis le monument est trop bas, pas assez dégagé
des monuments qui l'entourent. A Aix-la-Chapelle déjà,
combien j'avais déploré de ne pouvoir saisir du Dôme qu'un
côté, un mur, un coin de l'extérieur! Ce n'est pas ainsi que
les Grecs auraient choisi un emplacement pour construire
un temple : voyez Ségeste, Agrigente, Sélinonte.

C'est Brunelleschi qui a lancé dans les airs cette coupole
étonnante, c'est Donatello qui a décoré le campanile de ses
statues, c'est Ghiberti qui a fait les deux portes du Baptistère. Un jour, à Washington, je montai au Capitole en com-

pagnie d'un des plus illustres prélats de l'Union américaine,
quand tout à coup, arrivé en haut des marches, au moment
de pénétrer dans le vestibule, je m'arrêtai en poussant un
cri. Je venais de reconnaître Ghiberti. La puissante république s'était souvenue de sa sœur d'Italie quand il avait
fallu embellir et orner le sanctuaire d'où la loi part pour
régir ce territoire immense, peuplé de cinquante millions
d'hommes, et à coups de dollars elle avait fait venir de
Florence deux portes de bronze, la reproduction de celles
qui ornent le Baptistère de Ghiberti. Or, les belles figures
grecques, les fines statuettes athéniennes, rayonnent sous le
soleil d'Amérique comme leurs modèles rayonnaient autrefois sur les hauteurs de l'Acropole.

Il n'est pas d'artistes qui aient aimé leur art comme les
sculpteurs florentins du xve siècle; ils allaient jusqu'à l'exagération. Un Cellini se pâmait devant une omoplate; il disait
que les cinq fausses côtes forment autour du nombril, quand
le torse se penche, une foule de reliefs et de creux qui sont
de véritables beautés. Après avoir étudié ces effets sur nature,
ils les reproduisaient dans le marbre et sur la pierre, et leur
passion d'art engendrait des chefs-d'œuvre. Et qu'un Nanni
Grosso demanda sur son lit d'hôpital un crucifix et qu'on
lui apporta n'importe lequel, il le refusait. « Donnez-m'en
un de Donatello, s'écriait-il, sinon je mourrai désespéré! »
Jusqu'au dernier souffle, ils adoraient la perfection des
formes.

L'art représente des êtres plus que des idées; mais il n'en
va pas de même avec tous. Au temps du concile de Florence, il y avait dans cette ville un couvent où logeait le
pape Eugène IV; c'était Saint-Marc. Il est demeuré presque
intact. Deux moines y ont habité: Savonarole, le farouche
prédicateur; Fra Angelico de Fiesole, le peintre suave et
mystique.

Lui ne voyait qu'un monde idéal et supérieur; il vivait
dans la vision, et quand il prenait son pinceau, les yeux
baignés de larmes, si c'était une Madone à laquelle il allait
travailler, il se mettait à genoux et restait tout le temps dans
cette posture. Nourri sans doute de la lecture de l'Apo-

calypse, fra Angelico peignait le ciel avec ses **rayons de lumière**, ses escaliers de jaspe et d'améthyste, ses auréoles d'or, ses jardins ravissants, ses costumes aux couleurs non

Fra Angelico.

pareilles et merveilleuses, ses concerts angéliques et ses couronnes étoilées de pierres précieuses et de diamants. Rien de terrestre dans ces fresques de San-Marco, **tout** est spirituel; c'est la peinture de l'âme qui transparaît à travers ces figures pâles et pensives, ces yeux candides, ces attitudes chastes. Les anges sont des innocents, heureux d'être heureux et pour toujours; l'un porte un violon, l'autre une trompette, un troisième des cymbales; mais tous trois, avant de manier l'archet, d'emboucher l'instrument ou de heurter les disques sonores, s'arrêtent éblouis, charmés, fascinés; c'est que Dieu, des profondeurs de l'empyrée, parle, et ils écoutent. Fra Angelico a vu cela, et nous l'y voyons encore dans la salle du chapitre, dans les corridors et sur les murs des cellules monacales.

Raphaël plus d'une fois a étudié en secret le doux peintre florentin, et lui a fait des emprunts dissimulés, quand il fallait peindre des madones comme celle de Foligno, par exemple. Le pape Eugène, après l'avoir admiré à Saint-Marc, le fit venir à Rome, où il peignit à fresque, au Vatican, la chapelle du Saint-Sacrement, que Paul III fit détruire pour élargir un escalier, et la chapelle de Nicolas V, qui existe encore. Le pape était si impatient d'avoir sa chapelle, que Fra Angelico se fit aider de son élève, Benozzo Gozzoli; mais, croyant travailler pour Dieu en travaillant pour ses vicaires, il ne voulut pas interrompre ses travaux, même pendant la saison des fièvres, et il en mourut. Après sa mort, on l'appela le Bienheureux (*il Beato*).

Il y a treize cents tableaux aux *Uffizi*, de tous les temps et de toutes les écoles : des empereurs et des dieux de marbre en files, comme des bataillons de soldats, des terres cuites antiques et modernes, vingt-huit mille dessins originaux, quatre mille camées et ivoires, quatre-vingt mille médailles. C'est là que sont la *Vénus* de Médicis, la *Vierge au chardonneret* et le *Saint Jean* de Raphaël, la *Vierge en Égypte* du Corrège, la *Vénus* du Titien; les antiques : le *Discobole*, la *Bacchante*, le *Mercure* de Jean de Bologne, etc.

Il y a cinq cents tableaux au palais Pitti, ce monument grandiose qui a été bâti, comme on l'a dit, avec des pans de montagnes, et qui a été décoré par les Médicis; ce qui est tout dire. Pour avoir une idée de cette puissante famille, il faut venir au palais Pitti d'abord, et puis aller voir leurs

tombes à San-Lorenzo; l'église est de Brunelleschi, la chapelle de Michel-Ange. C'est là qu'est cette statue fameuse du
Pensiero, qui n'est autre que Laurent de Médicis. Le grand
artiste a sculpté des héros tristes et souffrants; c'est que
lui-même à ce moment pleurait la liberté perdue et Florence vaincue.

Où donc dans cette ville est le palais des papes? où se
tint le concile qui porte son nom? Je ne l'ai pas trouvé.
C'était une époque étrange que le xve siècle, période de décadence pour l'empire, mais non pour la papauté. Après le
grand schisme d'Occident et le concile de Constance, un autre
concile se réunit à Bâle; mais il entre en lutte avec le pape,
qui le dissout et en convoque un autre à Ferrare. C'est
à ce moment que, l'empereur Jean Paléologue II désirant
la réunion des deux Églises grecque et latine, les Grecs
s'adressèrent au pape Eugène IV. La peste s'étant déclarée
à Ferrare, le concile fut transféré à Florence. Ce devait être
un singulier spectacle que celui de ces Orientaux mêlés à
ces Occidentaux, deux races si différentes de langues, d'idées,
de mœurs et de tout. On avait vu les croisés à Constantinople; ils y apportaient la force. Les Orientaux cette fois
venaient en Europe; ils y apportaient l'idée, c'est-à-dire leur
théologie, leurs subtilités, leurs disputes et leurs controverses byzantines.

Ils arrivèrent à Venise, la ville natale d'Eugène IV, en
février 1438, l'empereur Jean, le patriarche Joseph, les
évêques grecs et les gens de leur suite, montés sur neuf
galères. L'empereur y fut reçu avec une telle magnificence,
que les Grecs en étaient dans l'admiration. Ils restaient stu-
péfaits en voyant l'église Saint-Marc, les palais du doge et
des nobles, l'opulence et la politesse de tous ces Italiens.
L'historien grec du concile de Florence, Georges Scholarius,
dit à ce sujet : « Notre âme était ravie à la vue de ces merveilles, et nous disions dans l'extase : En vérité, la terre
et la mer sont aujourd'hui devenus le ciel; car de même
que personne ne peut comprendre les créatures célestes de
Dieu, mais en est seulement émerveillé, ainsi restions-nous
émerveillés des magnificences de cette fête. »

Jean Paléologue fit son entrée à Ferrare le 4 mars ; le président du concile, le bienheureux Nicolas Albergati, cardinal du titre de Sainte-Croix, s'était déjà rendu à Venise, accompagné de Nicolas d'Este, marquis de Ferrare, pour saluer l'empereur de la part du pape. L'empereur était à cheval sous un dais couleur bleu céleste, porté par les fils et les plus proches parents du duc de Ferrare. Lorsque le cortège fut arrivé au palais où le pape résidait, l'empereur grec, toujours à cheval, monta l'escalier en rampe douce, jusqu'à l'entrée de la salle qui précédait l'entrée de la chambre du souverain pontife. On eût pu croire alors qu'il se trouvait dans sa ville de Constantinople, observant toutes les prescriptions du cérémonial codifié par son prédécesseur, Constantin le Porphyrogénète. En effet, il descendit alors de cheval, et, ayant traversé la salle, il entra chez le pape, qui vint au-devant de lui et qui sut si bien mesurer ses pas, qu'il le joignit juste au milieu de l'appartement. L'empereur voulant mettre un genou en terre, le pape le retint et l'embrassa. Puis lui donnant la main, que le prince baisa avec respect, il l'introduisit dans une chambre plus reculée, où il le plaça à sa droite. Eugène, après avoir conversé avec Jean Paléologue pendant quelque temps, le fit reconduire au logement qu'on lui avait préparé, où il fut traité avec autant de somptuosité et de magnificence qu'il aurait pu l'être dans son palais de Constantinople, à la Magnaure ou Boucoléon.

Le patriarche de Constantinople arriva trois jours après, avec une partie des métropolitains et des évêques du clergé grec députés au concile. Il fut amené par eau, sur un navire d'une construction particulière, qui ressemblait à un palais flottant, et qui lui avait été envoyé de Ferrare à Venise par le marquis d'Este. Deux cardinaux allèrent le recevoir, avec vingt-cinq évêques et un grand nombre d'officiers. Il monta à cheval et s'avança dans le plus bel ordre vers le palais pontifical ; là il descendit de cheval et on le conduisit, suivi de dix métropolitains, dans l'appartement secret du pape, qui se leva de son trône pour le recevoir. Le patriarche s'étant approché, tous deux s'embrassèrent ; Eugène se replaça sur son trône, et le patriarche prit place à sa droite, sur un siège semblable à celui des cardinaux. Les métropolitains et les évêques grecs saluaient le pape en lui baisant les mains et la joue, selon leur coutume ; on leur avait accordé de ne point faire la génuflexion.

C'est ainsi que les choses se passèrent aussi à Florence, lorsque le concile fut transféré dans cette ville.

Dans les premières sessions tenues à Ferrare, les Latins traitèrent admirablement et à fond la question brûlante du *Filioque* et de la procession du Saint-Esprit, surtout le cardinal Julien Cesarini, qui réfutait les objections avec un merveilleux génie. Les Grecs s'étonnaient de la science théologique des Pères latins, et ne trouvaient guère à répondre ; l'un d'eux, Marc d'Éphèse, manifesta constamment son opposition ; mais l'illustre Bessarion, archevêque de Nicée, admirait les Latins sans réserve.

A Florence, Jean de Montenegro, provincial des dominicains, prouva doctement par les Pères grecs, et particulièrement saint Épiphane, la thèse des Latins. Isidore, métropolitain de Kiew et de toute la Russie, fut le premier à conseiller la réunion des deux Églises ; il était appuyé par les métropolitains de Nicée, de Lacédémone, de Mitylène, de Rhodes, de Nicomédie et d'autres encore, par le grand syncelle Grégoire, confesseur de l'empereur et vicaire du patriarche d'Alexandrie ; vinrent ensuite les métropolitains de Cyzique, de Trébizonde, d'Héraclée, de Monembasie. Celui d'Héraclée représentait le patriarche d'Alexandrie ; celui de Monembasie, le patriarche de Jérusalem, et Isidore de Russie, le patriarche d'Antioche.

Jamais peut-être on ne vit pareil spectacle à celui que présentait Florence à cette époque mémorable, et pour l'aspect des rues, et pour l'union des esprits et des cœurs. Le patriarche Joseph, qui était malade, mourut presque subitement ; mais, avant de rendre le dernier soupir, il était entré dans son cabinet, avait pris du papier et un roseau, et s'était mis à écrire cette admirable profession de foi :

« Joseph, par la miséricorde de Dieu, archevêque de Constantinople, la nouvelle Rome, et patriarche œcumé-

nique. Puisque me voici arrivé à la fin de ma vie, tout prêt
à payer la dette commune à tous les hommes, j'écris, par
la grâce de Dieu, très clairement, et souscris mon dernier
sentiment, que je fais savoir à tous mes chers enfants. Je
déclare donc que tout ce que croit et enseigne la sainte
Église catholique et apostolique de Notre-Seigneur Jésus-
Christ, de l'ancienne Rome, je le crois aussi, et que j'embrasse tous les articles de cette croyance. Je confesse que
le pape de l'ancienne Rome est le bienheureux Père des
Pères, le souverain pontife et le vicaire de Notre-Seigneur
Jésus-Christ, pour rendre certaine la foi des chrétiens. Je
crois aussi le purgatoire des âmes; en foi de quoi j'ai sous-
crit, le neuvième de juin, l'an 1439, indiction deuxième. »

Dans la session solennelle pour consommer la réunion et
en promulguer la bulle, je remarque parmi les souscrip-
tions celle d'Ignace, métropolitain de Tirnovo, capitale de
la Bulgarie, et celle de Damien, métropolitain de la Moldavie
et de la Valachie et député du métropolite de Sébaste. Et
pour que tout l'Orient avec ses communions différentes fût
représenté à Florence, nous voyons arriver peu après quatre
députés de Constantin, patriarche des Arméniens, à qui le
pape Eugène avait annoncé le concile comme à tous les
autres; puis les envoyés du patriarche des Jacobites, de l'empereur d'Éthiopie, des Syriens, des Maronites et des Chal-
déens, qui tous venaient demander à être reçus à la communion romaine. Les députés d'Éthiopie apportaient une lettre
du patriarche Jean, qui se disait humble serviteur du serviteur de Jésus-Christ, ministre du siège de Saint-Marc,
c'est-à-dire d'Alexandrie-la-Grande et de toute l'Égypte, de
la Lybie, de l'Éthiopie, de la Pentapole occidentale. Les
députés s'humiliaient profondément devant la majesté du
pontife romain; ils avouèrent que leur éloignement de son
siège ne venait pas de la perfidie et de la légèreté, mais
plutôt de la distance et aussi de la négligence des papes,
qui depuis huit cents ans n'avaient pas eu l'attention de les
saluer, même par un mot.

Deux des Grecs furent promus cardinaux au cours du
concile de Florence : Isidore, métropolite de Kiew et de

Russie, avec le titre de Saint-Marcellin-et-Saint-Pierre ;
il était de Thessalonique et avait été moine de Saint-Basile
et abbé de Saint-Démétrius, à Constantinople ; Bessarion,
natif de Trébizonde, moine de Saint-Basile, lui aussi, pendant vingt ans, dans un monastère du Péloponèse, fut car-
dinal-prêtre du titre des Saints-Apôtres ; à la mort de
Nicolas V et de Paul II, il fut même sur le point d'être élu
pape, tant il était universellement aimé et estimé.

En vérité, il est impossible qu'on puisse voir, d'ici à un
long temps, une aussi magnifique réunion que celle de
Florence ! Un moment, le pape Eugène eût pu se vanter de
tenir le monde chrétien dans sa main. Pourquoi faut-il que
presque tous les Grecs, revenus chez eux, soient retournés
au schisme ? Comment peuvent-ils encore, je me le demande,
parcourir les actes du concile de Florence sans rougir de
leur lâcheté et de leur inconséquence ?

Métrophane, métropolitain de Cyzique, qui avait été patriarche de Constantinople en 1441, mourut en 1443 ; le
protosyncelle Grégoire, élu lui aussi patriarche de la même
ville, se retira à Rome en 1451. Le moment arrivait où le
sultan Mahomet II allait, par une juste punition de Dieu,
s'emparer de la malheureuse ville. Le cardinal Isidore de
Russie ayant été envoyé par l'empereur Nicolas V en ambassade auprès de l'empereur Constantin Dragasès, se trouva
mêlé au désastre de Constantinople. Pour échapper au massacre, il dut revêtir de son habit de cardinal un cadavre
auquel les Turcs coupèrent la tête, pour la porter à leur
sultan avec le chapeau rouge. Isidore fut vendu, comme un
prisonnier ordinaire, au faubourg de Galata, d'où il trouva
moyen de s'échapper pour gagner l'Italie. Un cardinal italien
eût-il trouvé ce subterfuge ? J'en doute ; mais il est certain
qu'un cardinal grec le trouva, et la chose est curieuse.

SEM

AU CÉLESTE EMPIRE

I

De la Chine et des pays circonvoisins.

« La Chine est un pays charmant. » Eh bien, oui; c'est vrai, mais... il y a un mais; il y a toujours des *mais*, et s'il n'y en avait pas en toutes choses sur notre terre, cette pauvre terre serait un délicieux paradis.

Toujours est-il que ce grand pays d'Extrême-Orient dépasse de beaucoup tous les pays voisins en étendue, en richesse, en progrès, en civilisation. — Je parle évidemment de civilisation orientale.

Quand on va à Rome et qu'on visite Saint-Jean de Latran, une des plus belles basiliques de la Ville éternelle, on s'arrête étonné devant la grande inscription qui décore le frontispice : « Tête et mère de toutes les églises. » La Chine, là-bas, dans le fond de l'Asie, est la tête et la mère de toutes les contrées d'alentour.

Un territoire immense, borné au nord par les solitudes de la Mongolie; à l'est, par l'océan Pacifique; au sud, par la même mer; à l'ouest, par les montagnes du froid Thibet et notre Tonkin. Une étendue de cinq cent cinquante lieues du nord au midi, de six cents lieues de l'est à l'ouest. Une

superficie qui est huit fois celle de la France. Une population de quatre cents millions d'habitants.

Voilà de ces choses qui confondent notre imagination. Et
ce pays est sillonné de cours d'eau, de fleuves qui ont parfois plusieurs lieues de large, comme le fameux *Yang-tse-*

Type annamite.

Kiang ou Fleuve Bleu; et ces campagnes sont admirablement cultivées et entretenues, et non seulement l'agriculture,
mais le commerce y est florissant. On y rencontre, à chaque
pas, des cités de plusieurs centaines de mille âmes; on y
voit une animation à nulle autre pareille; on y admire des
sites merveilleux et des paysages grandioses. Vous voyez bien,
lecteurs, la Chine est un pays charmant.

Il faut dégager la caractéristique de cette contrée. Ce n'est
plus notre pâle Europe tirée au cordeau, compassée, étri-

quée, n'ayant conservé du passé que de rares vestiges, et
çà et là quelques splendides monuments ; notre Europe
vouée au culte de l'art ou emportée par la fièvre de l'industrie ou des inventions modernes. Ce n'est pas l'Amérique
qui a tout oublié du passé, ou plutôt n'en a point et ne vit
que d'hier. Ce n'est pas la rude et farouche nature d'Afrique
avec son soleil implacable, ses forêts gigantesques et enche-
vêtrées, ses animaux monstrueux, ses noirs habitants. Ce
n'est pas l'Orient poudreux et doré. La Chine est un vieux,
très vieux pays, qui a toujours vécu à part, qui, tout d'un
coup, s'est élevé à un degré de culture étonnante et qui
s'est immobilisé, figé dans son développement, arrêté net,
il y a des milliers d'années. Avec cela, qu'on me pardonne
le mot, un genre *joujou*, des côtés enfantins, parfois ridi-
cules. Voilà la Chine.

Mais qu'on ne s'y trompe pas. Le fond y est, et ce peuple
l'emporte infiniment sur ses voisins, qui émanent de lui,
n'existeraient pas sans lui et ne sont que des diminutifs de
lui.

Quels sont ces voisins ?

La Cochinchine et le Tonkin, Siam, la Birmanie, le Thibet, la Corée, le Japon.

L'Annamite, qui est l'homme de la Cochinchine ou du
Tonkin, n'est qu'un Chinois dégénéré. Voyez-le : petit, gra-
cile, pâle, laid, voilà pour le physique. Au moral, timide,
hésitant, sans grande aptitude pour le haut commerce, se
révélant tout entier dans son costume et son architecture
bâtarde. Nous en ferons peut-être quelque chose avec le
temps, oui ; pour le moment l'Annamite n'est qu'un pauvre
petit bonhomme jaune, qui n'est pas tout à fait dépourvu
d'intelligence ; il apprendra bien avec de bons maîtres.

Le Birman, le Siamois sont des moitiés d'Indien. Impossible de les comparer à l'Hindou, un fier, un indomptable,
qui, lui aussi a connu la civilisation révélée par ses coutumes séculaires et ses monuments splendides, par le faste
déployé à la cour des riches nababs, les satrapes modernes.
Avez-vous jamais réfléchi à ce que pouvait être le peuple
qui habitait dans les forêts d'Angkor la Grande ? C'étaient

les Égyptiens de l'Asie, avec leurs temples, leurs hypogées et leurs pyramides. Or, tout le monde sait ce que fut l'antique Égypte, qui fait encore aujourd'hui notre admiration.

Le Thibet ne nous offre rien de pareil à admirer, mais il a ses institutions. Sur la cime de ses monts orgueilleux, plus près du ciel, il pense à Dieu; c'est la nation la plus fermée, la plus religieuse qui soit. Le grand lama, le pape du bouddhisme, l'incarnation de Fo, est là, enfermé dans un sanctuaire inaccessible, ne se révélant qu'au regard de quelques fidèles; les autres l'adorent de loin. Les moines sont les maîtres du pays; ils pratiquent dans l'intérieur des lamaseries des austérités extraordinaires ; ils prient sans cesse, et quand leurs lèvres fatiguées s'arrêtent, le moulin à prière continue le pieux dialogue. Rien de plus étrange.

Quant à la Corée, voilà encore une race isolée dans sa presqu'île, qui n'est ni chinoise, ni mandchoue, qui est elle-même et qui longtemps s'est refusée à tout mélange, à toute relation avec l'étranger dont elle se défiait. C'est la Corée qui fut la terre des martyrs par excellence : le missionnaire, moins qu'ailleurs encore, n'y pouvait pénétrer; il lui fallait passer des mois et des années enfermé dans une mauvaise jonque, errant sur la mer de Chine, jouet des flots, et attendant l'occasion propice pour déjouer la surveillance des douaniers et des policiers cruels et débarquer sur cette côte inhospitalière. Quand il pouvait enfin réussir, les difficultés ne faisaient que commencer; on le découvrait bientôt, on le traquait sans cesse et on finissait par le prendre ; presque toujours il avait vingt-cinq ans à peine; sa jeunesse ne trouvait point grâce devant les persécuteurs acharnés : on le mettait à mort non sans l'avoir fait passer par des supplices affreux. En 1866, un jour on prit neuf missionnaires français sur douze; parmi les neuf il y avait deux évêques : tous furent exécutés. Les trois autres purent s'enfuir, au prix de quelles fatigues! Deux sont revenus en Europe; le troisième, nommé évêque, est reparti pour recommencer la terrible odyssée sur la terre coréenne.

Tout a une fin et Dieu se sert de tous les moyens. Le colosse russe, un voisin, a étendu un de ses bras jusqu'à

Séoul la capitale. Il serait bien difficile maintenant aux persécuteurs de toucher à un cheveu de la tête des missionnaires.

Reste le Japon. Admirable pays, île enchanteresse, peuple généreux, intelligent, gai, propre, aimable. A première vue rien de la Chine. Mais ici, comme en Annam ou au Thibet, voyez l'écriture, voyez les caractères, voyez la religion et les temples. Le Japon féodal a vécu; il n'en reste plus que sa belle histoire, ses manifestations artistiques et quelques mécontents qui, peut-être un jour, essayeront de relever la tête; qui sait? Actuellement les insulaires du Pacifique sont emportés par la fièvre de l'imitation. Ils ont des chemins de fer, des vapeurs, des régiments costumés et armés comme les nôtres; ils ont abandonné leurs beaux habits orientaux, les malheureux! pour prendre les nôtres, et souvent ils ne ressemblent plus qu'à des singes habillés. Trop vite! ils ont été trop vite! Mais qui pourrait jeter le blâme sur ces soldats, les Français de l'Extrême-Orient? Dans tous les cas, jamais la Chine ne fera les concessions faites par le Japon; jamais vous ne verrez un Chinois abandonner sa natte et sa robe bleu de ciel pour un frac et un chapeau de soie. J'admire les Japonais, j'admire peut-être plus la fierté dédaigneuse du Chinois. Le Japonais est pour la forme; le Chinois est un homme de fond. Un politicien, un commerçant et un laboureur chinois valent mieux chacun dans leur petit doigt que dix Japonais de la classe correspondante.

II

La route de la Chine.

Autrefois, pour aller en Chine on s'embarquait à Cherbourg ou à Liverpool sur un voilier quelconque, et à la garde de Dieu! Je laisse à penser ce que pouvaient être les traversées; elles duraient un an et plus. On se laissait bap-

tiser sous la *Ligne* en franchissant l'équateur ; on touchait
à Sainte-Hélène, — c'était avant et après le grand Napoléon ;
mais après ce n'était plus la même chose, on le comprend ;
— on passait près de l'embouchure du Congo sans penser à
M. de Brazza ni à Stanley, pas même à Tippo-Tib ; on s'ar-
rêtait au Cap pour souffler ; on respirait les brises aromatiques à l'Ile-de-France et on se sentait chez soi ; puis on
arrivait par le travers de Sumatra, et, sans plus penser à
M. Jules Ferry que s'il ne devait jamais nous doter du
Tonkin, on arrivait enfin à Macao, où l'on s'extasiait sur le
génie portugais tout en en souffrant beaucoup ; — les Portugais étant dans ce temps-là passablement tracassiers. —
Macao c'était la Chine ; quand on voulait pénétrer dans l'intérieur, on marchait tout simplement devant soi en remontant vers le nord, et on tâchait de ne pas se faire remarquer :
ce n'était pas facile ; les Chinois sont curieux, et il y avait
et il y a encore tant de douanes et tant de mandarins !

Les choses ont bien changé ; on va en Chine maintenant
comme on va à Pontoise. Vous vous rendez à Marseille dans
un bon compartiment de première, et vous montez sur un
paquebot de cent trente mètres de long, le bateau-poste
des Messageries. Si vous voulez, vous pouvez ne pas le quitter,
si ce n'est pour descendre en terre chinoise. Dormez pendant quarante jours et quarante nuits dans votre petite cou-
chette de la cabine : vous vous réveillez à Chang-Haï, dans
le nord-est du Céleste-Empire.

Mais ne dormez pas, cela vaut mieux, allez ! Il n'y a pas
un seul voyage au monde qui vaille celui-là.

En effet, où s'embarque-t-on présentement pour les pérégrinations de long cours ? En France dans quatre endroits
seulement : au Havre, à Saint-Nazaire, à Bordeaux, à Marseille.

Au Havre, pour les États-Unis. Sans doute il est intéressant d'aller rendre visite aux Yankees. Peut-être un jour
vous dirons-nous ce qu'ils sont et ce qu'ils font : nous les
avons vus chez eux ; mais, quoique les beaux bateaux de la
Transatlantique ne mettent plus qu'une semaine pour arriver à New-York, cette traversée n'est guère récréative : les

brumes, les icebergs et les mauvais temps ne vous laissent point de répit. Pas la plus petite terre à l'horizon, et puis, arrivé à New-York, c'est fini; vous dites adieu à la mer.

Le voyage de Saint-Nazaire à Panama est moins agréable encore, et s'il n'y avait pas Cuba!...

Toujours de moins en moins agréable le voyage de Bordeaux dans l'Amérique du Sud. C'est acheter cher le plaisir de contempler la magnifique rade de Rio-de-Janeiro.

Que j'aime mieux les itinéraires qui ont pour point de départ cette bonne Cannebière!

Les Messageries maritimes vous conduisent à Alexandrie d'Égypte et à Constantinople; c'est une première ligne. Une autre, de beaucoup la plus grande, va vous entraîner, si vous le voulez bien, dans un autre Orient, l'Extrême; nous prenons la ligne d'Indo-Chine.

Les escales succèdent aux escales; pas une ne ressemble à l'autre : toutes sont intéressantes.

Naples d'abord. Un des plus beaux coins d'Italie; ce ciel qu'il faut voir une fois et puis mourir, le vieux Vésuve, le *fumatore* (fumeur), comme disent les lazzaroni du cru. Je vous souhaite de le saisir sous son aspect du soir, avec la large coulée de lave du côté de la ville, et de l'entendre ronfler quand il n'est pas content. Je vous souhaiterais d'avoir le temps de pousser jusqu'à Pompéi, jusqu'à Sorrente, jusqu'à Ischia; mais l'escale n'est pas assez longue. Quant à passer la nuit à Naples, non! je ne vous le souhaite pas; on n'y peut dormir. J'ai essayé de le faire une fois, de deux heures du matin à quatre; j'ai été réveillé par un bruit formidable : j'ai cru à une éruption; c'était tout simplement les pêcheurs et les maraîchers qui se souhaitaient le bonjour dans la rue voisine. A Naples, le Vésuve n'a pas seul le monopole du tapage.

Tout de suite après Naples, une autre terre, celle d'Afrique. Port-Saïd apparaît, bâti à la diable sur une côte basse et noyée. C'est l'entrée du fameux canal de Suez, un nom qui fait battre d'orgueil les cœurs français.

Les grands navires mouillent là; des dragues creusent sans cesse le fond pour éviter l'ensablement. Sur les quais, au matin, vous voyez les Arabes étendre un tapis sous leurs pieds et se prosterner du côté de la Mecque en faisant leur prière. Dégourdissez-vous les jambes, si vous voulez, en faisant un tout petit tour; mais vous n'irez pas loin; la ville arabe est infecte. A Port-Saïd, on ne rencontre pas un arbre; de mon temps, il y en avait un peint sur la porte d'un restaurant, et les consommateurs se disputaient pour être auprès et avoir l'illusion de la fraîcheur et de l'ombre.

Doucement, doucement, vous avancez vers le midi, dans la direction de Suez, au milieu d'un vaste désert, sillonné de temps en temps par des caravanes où les chameaux au long cou jettent une note étrange.

Ici, il faut compter avec un facteur nouveau et qui a son importance : le soleil. Il est chaud, ardent, lourd à supporter. Vous voilà dans la mer Rouge, après Suez. C'est un lac de plomb fondu. A peine apercevez-vous une côte lointaine; à droite, c'est la torride Afrique; à gauche, l'Arabie désolée et peut-être les cimes du fameux mont Sinaï. Quand nous sommes arrivés en face, un amiral est venu demander à un missionnaire de réciter à haute voix les dix commandements du Décalogue. C'était une scène grandiose.

Les nuits sont intolérables dans la mer Rouge; le commandant fait monter des matelas sur le pont et on s'y étend las, épuisé. J'y ai vu de pauvres femmes à moitié mortes, faute d'air; d'autres, je le sais, sont mortes tout à fait.

Hâtons-nous de fuir cet enfer. Après avoir laissé sur la gauche Djeddah, le port de la Mecque sainte où affluent constamment les pèlerins, vous passez sous les canons anglais de Périm et vous êtes à Aden, une citadelle de première force, aussi à l'Angleterre, bâtie sur un rocher nu, aride, sans l'ombre de végétation. Vous vous êtes quelquefois représenté en imagination les patriarches des anciens jours; vous les avez sous les yeux dans la personne de ces Somalis, qui poussent devant eux leurs troupeaux avec leurs grands bâtons recourbés en crosse. Mais où et comment ces troupeaux mangent-ils?...

Dix jours de mer jusqu'à Ceylan. Ce n'est pas le plus beau du voyage; peut-être la mousson souffle-t-elle et tout se renverse à bord, votre pauvre cœur comme le reste. A table, on a installé les *violons*, les cordes qui empêchent la vaisselle de rouler par terre. Mais qui va à table? On reste des heures et des heures tapi dans son coin, sans mouvement, sans voix.

La voix, on la retrouve à Colombo pour se répandre en expressions d'admiration enthousiaste : Dieu! que c'est beau! Les grands cocotiers viennent baigner leur pied dans l'eau; les bananiers aux larges feuilles se balancent mollement dans l'air embaumé; des routes gracieuses et entretenues comme dans un parc anglais vous invitent à des excursions sans nombre. Partout des hommes, vêtus de longs *sarrongs*, un peigne d'écaille dans les cheveux, vous regardent de leurs grands yeux noirs et doux; on dirait des femmes. Çà et là, des pagodes monumentales, de princières résidences et des éléphants qui marchent gravement par les chemins, sans se douter de l'étonnement profond où ils vous plongent.

Quelques jours plus tard, à Singapour, vous faites connaissance avec la race malaise : des hommes petits, actifs, vigoureux, au visage cuivré, aux pommettes saillantes; ils vous annoncent déjà la Chine; la voici du reste. Les Chinois encombrent ici les rues et les maisons. Ils ne sont point beaux avec leur nez épaté, leur teint jaune et leur longue natte; mais sous ce ciel bleu, dans cette ville propre et ce milieu mêlé, on aime à les voir, et qui plus est, à les avoir à proximité. Ces émigrés ont tout le petit commerce entre les mains : sans cesse vous devez avoir recours à eux.

Nous nous avançons de plus en plus vers la Chine; encore quelques tours de roues et nous y serons. Pour le moment, nous arrivons en rivière de Saïgon et nous voyons flotter le pavillon tricolore sur le cap Saint-Jacques. C'est la France!

Une France qui ne ressemble guère à la mère patrie, où tout est si bon, si doux. Non! celle-ci revêt sans doute un manteau merveilleux : des arbres, des palétuviers, des plantes multicolores, des oiseaux richement *plumés*, des fourrés inextricables de verdure et de fleurs. Mais attention, prenons garde! Le soleil tue l'homme ici plus sûrement qu'une balle ou qu'un poignard; les reptiles rampent sous la feuillée et dans les fourrés; le tigre, le plus beau tigre du monde et le plus féroce, guette sa proie. Au cap Saint-Jacques, on ne peut se mettre en marche la nuit qu'avec une escorte de dix hommes; faute de cette précaution on est perdu.

Cette terre rouge, humide, chaude; ce large fleuve, ces

Port-Saïd.

nombreux arroyos, ces rizières à perte de vue, ces paillotes misérables, ces petites barques supportant un toit de bambou, c'est la Cochinchine. Ces hommes et ces femmes malingres, aux lèvres rougies par le bétel, au corps emprisonné dans un grand fourreau noir, au chignon recouvert d'un grand chapeau de paille, ce sont les Annamites. Cette jolie ville, avec ses rues plantées d'arbres et bien alignées, son splendide palais du gouvernement, ses églises, ses casernes enveloppées d'un rideau de volubilis, c'est Saïgon.

Après c'est la Chine, c'est Hong-Kong l'anglo-chinoise, c'est Canton, c'est Chang-Haï, c'est le fleuve Bleu ou Yang-tse-Kiang, c'est Hang-Keou, puis la Chine mystérieuse,

6*

celle que les missionnaires presque seuls connaissent. Nous allons franchir les rapides du grand fleuve, — on y met trois mois, — et nous irons voir les gens de l'ouest; ce sont les plus intéressants, car ce sont les plus Chinois.

III

A vol d'oiseau.

Quelquefois, je crois rêver en me rappelant les mille incidents de cette course fantastique au fond du Céleste-Empire, à cinq cents lieues du littoral. Et pourtant, oui, j'ai été là-bas dans le pays jaune, et, ne connaissant presque rien encore des hommes et des choses de l'Europe et de mon propre pays, j'ai été tout d'un coup brusquement initié aux mystères de l'Extrême-Orient.

Je me revois, avec mes vingt-cinq ans, plein d'ardeur, courant à toute vapeur sur mer, ne m'arrêtant dans les ports que pour les escales, avec la hâte de voir les Célestes chez eux, et je me rappelle encore l'étrange impression ressentie à Hong-Kong en arrivant dans la rade, la forte odeur de musc qui vous prenait au nez. Il n'y avait pas besoin de les voir, ces espèces de singes pâles, à la queue tressée, ni de les entendre *yoyuter* (*yo, yu,* ce sont les syllables qui vous frappent le plus d'abord en entendant parler chinois); rien qu'en respirant l'air qui venait de la terre, on sentait que c'était la Chine et que la Chine est un autre monde.

Et puis cette course à Canton; mon séjour à la résidence des missionnaires, un grand vieux *ya-men* (tribunal) de mandarin; les nuits passées dans un pavillon délabré, tout seul, au milieu d'un jardin planté de bambous, grouillant de reptiles, et ma chambre qui donnait sur une rue voisine où on jouait la comédie en plein vent, dans un vacarme étourdissant.

Et cette grande pagode, où l'on me conduisit et où je vis les bonzes en chappe jaune, chanter l'office comme des chanoines, avec accompagnement de tambours monstres dont les roulements me jetaient dans une vraie épouvante.

Et cette autre pagode des cinq cents diables, — lisez dieux, — où, parmi un peuple de statues, le gardien nous montra un jésuite en soutane et un matelot européen en chapeau ciré.

Étrange! étrange! Tout ce que je voyais m'ahurissait. Ce qui achevait de m'étourdir, c'est que dans les rues étroites, bondées de monde, où je filais dans mon palanquin, rapide comme le vent, je les voyais bien tous, les élégants commis et les vulgaires porteurs d'eau; ils se moquaient parfaitement de moi et, en éclatant de rire, me désignant du bout de leur éventail, ils disaient: « Ça, c'est un diable d'Occident! »

Je me revois, longeant les côtes pendant cinq jours, à bord d'un steamer des États-Unis et arrivant à Chang-Haï, obligé de me débrouiller tout seul, causant avec le batelier qui m'avait pris dans son canot. Ce n'était pas long, la conversation; je savais trois mots : « *San-té-tang!* la maison des Trois-Vertus; » c'était la procure des Missions.

Puis le séjour à la procure, l'arrivée des trois courriers de l'intérieur, Pan, Lu et Liéou, qui venaient chercher les marchandises des missions de l'Ouest et me prendre avec eux pour remonter le fleuve; le voyage pendant quatre jours de Chang-Haï à Hang-Kéou, sur le Yang-tse-Kiang, à bord d'un bateau à vapeur anglais. C'est là que la Chine a passé devant mes yeux comme une magnifique vision. Il n'y a pas de contrée d'un caractère plus grandiose et plus gracieux tout ensemble; montagnes et vallées, villes murées, tours à dix étages, pagodes aux toits recourbés, rizières en damiers, fermes dans les massifs d'arbres, jonques mandarines et barques de commerce, je ne me lassais pas de regarder tout cela, et, si je ne m'étais pas retenu, plus d'une fois j'eusse poussé comme un enfant des cris de joie et d'admiration.

Quelle merveilleuse faculté d'assimilation on possède quand on est jeune missionnaire! A Hang-Kéou, l'élément européen disparaît complètement et l'on s'enfonçe dans la Chine vierge. J'y allais avec une vaillance qui à présent me stupéfie. J'étais déjà devenu Chinois.

Chinois! oui, je l'étais en vérité. Qu'on en juge : depuis quelques jours, j'avais quitté mes vêtements européens pour prendre le costume du pays. Coiffé d'une calotte bleu de ciel, une longue robe de coton ouatée et un pardessus court aux larges manches sur le dos, avec, aux pieds, des souliers aux épaisses semelles; dans la main droite un éventail formé d'une feuille de papier plissée; dans l'autre, une longue pipe en ébène à fourneau de cuivre; des lunettes rondes, énormes, sur le nez; la tête rasée et ornée de la fameuse tresse mandchoue que l'on sait; tel était mon portrait, la reproduction exacte de tous ces magots qui m'entouraient. Dans ces conditions, mais dans ces conditions seulement, il m'était permis de m'aventurer dans l'intérieur.

Et je fais alors connaissance avec la jonque indigène, un moyen de locomotion lent, je vous assure, qui permet de fournir dans une journée tantôt deux lieues, tantôt quatre, rarement davantage, surtout à la montée, surtout au milieu des rapides.

Est-il vraiment possible que ce soit moi qui, un jour, ai osé passer dans les gorges sombres d'I-Tchang, parmi les roches noires et les torrents impétueux, au milieu des barques éventrées çà et là sur la rive inhospitalière?...

C'est moi, pourtant, avec une belle *furia* d'apôtre de vingt ans; et c'est moi qui regardais à Kin-Tchéou-Fou, tout près de là, les grossiers soldats tartares assommer les paisibles bourgeois; c'est encore moi qui recevais dans la barque la visite des bacheliers d'I-Tchang et causais avec eux à l'aide d'un dictionnaire, aussi étonné qu'ils l'étaient eux-mêmes; c'est moi qui, certain jour d'Épiphanie, célébrais la messe, portes closes, devant les courriers, au fond de la jonque, le corps plié en deux, parce que, sans cela, ma tête eût heurté le plafond. Et j'ai passé trois mois ainsi! jusqu'au jour, enfin, où j'ai touché à Tchong-Kin, la capitale de ma nouvelle patrie...

IV

La ferme de Ta-pin-Kang.

Réconforté par quelques jours de repos dans la résidence des missionnaires de Tchong-Kin, je prends cette fois la route de terre; on m'envoie étudier la langue, à quelques lieues de là, dans une ferme, chez des chrétiens.

Je traverse le fleuve, un matin, à l'aube, et j'escalade la montagne en face, où commence ce long ruban de larges dalles, qui est un chemin chinois et qui va bien loin dans le sud, vers le Kouy-Tchéou. Je me retourne sur la cime, pour dire adieu à la grande cité pleine de rumeur. Un million d'habitants là-dedans: des riches, des pauvres; des commerçants qui remuent l'or à la pelle; des misérables couverts d'ulcères, qui se traînent par les rues pour mendier une tasse de riz; quelques chrétiens, — ils sont trois mille peut-être; — un peuple de païens sceptiques et superstitieux. Le soleil dore les briques jaunes et bleues des palais et des temples; une file non interrompue de porteurs, d'ouvriers, de matelots, de soldats, d'employés, monte et descend les gigantesques escaliers de pierre qui partent du fleuve pour aller aboutir aux portes; on entend des bruits de gong et des détonations, mille appels qui se croisent dans l'air et sur l'eau. En contemplant, ce matin-là, cette vieille cité fondée sous la dynastie des Tchéou, l'an 1077 avant Jésus-Christ, et qui fut autrefois le chef-lieu du royaume de Pa-Kouo, j'ai pensé à l'antique Carthage et à tout ce que l'auteur de *Salammbô* nous dit de la reine du négoce et des mers, et si je cherche bien, tout au fond de moi-même, en face de ces mondes inconnus, à la lecture de l'œuvre de Flaubert comme en regardant ces choses d'Extrême-Orient, dans l'âme du pauvre petit Euro-

péen il y a toujours, toujours, comme une impression
d'effroi.

Mais cela passe, et la nouveauté m'intéresse et finit même
par m'égayer. Dans une auberge où je prends une tasse de
thé, je trouve des porteurs qui viennent me chercher et
m'installent dans leur palanquin. Nous filons vite au milieu
des rizières, montant, descendant les pentes des collines,
grimpant parfois le long des rampes ardues, traversant des
marchés, croisant de nombreux voyageurs, à pied, en
chaise, des laboureurs à la robe retroussée qui conduisent
leurs charrues et leurs bœufs, nous reposant aussi à l'ombre d'un gros vieil arbre, planté là depuis des siècles ; et
quand on reprend cette course effrénée, je m'endors doucement, bercé par le balancement du véhicule. Le poète
l'a dit :

Namque facit somnum clausa lectica fenestra.

Ta-pin-Kang! C'est le nom de la ferme où j'arrive le
soir et où je suis attendu par la famille Tchéou.

Un rectangle, dont trois côtés occupés par des bâtiments
en bois et en terre ; devant le corps central une cour très
propre ; puis des rizières à perte de vue, où coassent des
milliers de grenouilles ; des montagnes dans le lointain ; derrière l'habitation, un bois de bambous. Une assez large
galerie, abritée sous un auvent, règne tout le long de la
façade.

Au milieu du principal corps de logis s'ouvre une porte
à deux battants, donnant dans la salle des hôtes qui sert
de chapelle ou *kin-tang;* au fond un autel en bois sculpté ;
à gauche ma chambre, dont la porte est cachée par une tenture ; dans la chambre deux fenêtres en papier, un lit avec
moustiquaire, une table, une armoire et deux chaises.

Mes hôtes sont deux paysans mariés ; outre leurs femmes
et leurs enfants, ils ont avec eux leur vieille mère, leurs
deux tantes et leurs deux sœurs ; celles-ci font partie de la
confrérie des vierges chrétiennes du Se-Tchouan, lesquelles
se lient par des vœux annuels. A mon arrivée, tout le monde

est là réuni ; ils tombent à genoux et j'étends la main sur eux en prononçant la formule sacrée : « *Tien tchou kiang fou ngy men. Que le Seigneur du Ciel vous bénisse !* »

Mon temps est partagé entre l'étude et la prière. Étudier les caractères chinois, il n'y faut pas songer : il y en a quarante mille ! et quoique avec cinq ou six mille on puisse déjà déchiffrer bien des livres, ce serait encore une rude tâche. L'important pour une jeune recrue est d'apprendre la langue parlée, et, disons-le tout de suite, la meilleure manière d'apprendre est de chercher à parler par tous les moyens. J'ai avec moi un séminariste du collège de la mission qui sait le latin et qui me sert d'interprète ; j'ai aussi un petit *boy* qui ne me lâche pas d'une semelle ; les femmes dans leurs moments de loisirs viennent jusqu'à la porte de ma chambre et essayent de me faire dire quelques mots. Pendant les repas, et quand, armé des bâtonnets d'ivoire, je pique çà et là dans les bols chinois un morceau de lard ou un légume pour manger avec mon riz, les hommes sont tous là, debout à mes côtés, les mains passées dans leurs manches, graves, respectueux et s'ingéniant à me faire comprendre ce qu'ils racontent autour de moi.

Déjà sur le Fleuve Bleu, lors du grand voyage, avec une simple phrase : « *Tchéko kiao che mo.* Comment s'appelle ceci ou cela ? » j'avais pu apprendre une foule de mots. On va vite après. Le grand écueil c'est le ton. Un seul mot prononcé sur cinq ou six tons différents a cinq ou six significations diverses ; de là souvent une confusion et des quiproquos fort extraordinaires et quelquefois fâcheux.

Deux exemples. Un jour, un apôtre débutant veut terminer son sermon ainsi : « Si vous m'écoutez, mes frères, vous obtiendrez d'aller au ciel et vous ceindrez sur votre tête une couronne de brillants fleurons ! » Tout le monde comprit : « Vous aurez dans le paradis une couronne ornée de pattes de canards ! »

Un autre qui avait besoin d'une échelle pour monter le long d'un mur réclamait impérieusement une *ti-tse.* Le maître de la maison n'en croyait pas ses oreilles ; il compre-

naît qu'on lui demandait... sa femme! Le même mot, à peu
près, a les deux sens.

A part ces difficultés que l'on arrive à vaincre assez rapidement dans un milieu chinois, la langue du pays des
fleurs est une des plus jolies du monde; elle a des into-
nations d'une suavité incomparable. Rien de beau, rien
d'émotionnant comme d'entendre les prières des chrétiens,
celles des femmes qui, le soir venu, après les travaux des
champs, se réunissent dans l'oratoire pour chanter leurs
longues litanies : « *Chen-mou-Maly-a! Chen-Pe-to-lou!*
Chen-Pa-o-lo! Chen-I-gni-sé! Chen-Aga-ta! O Marie !
ô Pierre! ô Paul! ô Agnès! ô Agathe! priez pour nous! priez
pour nous! » Caché derrière la tenture de ma porte, dans
l'ombre crépusculaire, longtemps, longtemps j'écoutais ces
douces mélopées, ces tendres et plaintives cantilènes, où passaient l'un après l'autre les noms de tous les aimés qui
étaient là-bas, à cinq mille lieues de l'exilé volontaire. Et ces
prières, c'étaient la famille et la patrie un peu retrouvées !...

V

La résidence de Long-chouy-tchen.

Le moment vint trop tôt où je dus quitter mes bons amis
de Ta-pin-Kang. Il y a déjà bien des années que je les ai
laissés et pourtant leur souvenir m'est toujours cher. C'est
qu'on se crée là-bas, au fond de l'Empire du milieu comme
ailleurs, des amis sûrs et dévoués. Ceux-là l'étaient. Ils m'aimaient. Il m'aimait aussi le bon et pieux provicaire de la
mission qui m'appelait toujours : « Mon gros Lorrain. »
Mon cœur va encore à eux maintenant, à travers les mers et
les montagnes.

A trente lieues de Tchong-Kin, il y a un beau district de
vieux chrétiens; on l'appelle *Ta-tsiou-Iun-tchang ;* il est

composé de deux sous-préfectures. Ce fut le lot qu'on m'assigna ; je devais être aidé par un jeune prêtre chinois et plus particulièrement chargé du pays de Ta-tsiou. C'est là que je me rendis après quatre mois de séjour dans ma chère ferme.

Je n'avais qu'un tout petit pied-à-terre dans la ville, car à Ta-tsiou on ne comptait pas plus d'une trentaine de chrétiens ; mais mon district, qui se composait de vingt stations environ et de deux mille chrétiens, comprenait plusieurs groupes importants, celui de Long-chouy-tchen, entre autres, avec quatre cents paroissiens. Ces gens du Se-Tchouan, de belle race, de haute stature, sont braves et même un peu batailleurs. Mes chrétiens ne craignaient rien, hormis Dieu ! Ils savaient parfaitement se faire respecter des païens qui les entouraient. Plusieurs d'entre eux étaient des commerçants notables de l'endroit, des marchands d'objets en cuivre ; il y avait même un changeur dont je me servais pour convertir mes globules d'argent en monnaie courante de sapèques.

Un joli presbytère, certes ! que le mien à Long-chouy-tchen, la ville du dragon aquatique. On arrivait en suivant le bord de la rivière voisine ; on entrait par une grande porte de jardin et, après avoir traversé deux cours et longé les bâtiments de l'orphelinat, on pénétrait dans le grand *kin-tang* que j'avais orné de superbes lanternes en étoffe rouge. Mes appartements s'ouvraient à droite de l'oratoire ; derrière, dans une cour entourée de murs, s'élevait une tour au sommet de laquelle était suspendue une cloche qui pesait deux cents livres et qui sonnait l'*Angelus* trois fois par jour.

La tour hexagonale est en bois ; une flèche de terre cuite la surmonte et porte à son sommet une grande croix ; sur les six arêtes supérieures, six anges sont prosternés devant la croix ; plus bas six autres anges, tenant des lances en main, les dirigent contre six dragons qui mordent l'extrémité des arêtes. Voilà comment, nous autres missionnaires, nous mettons l'architecture au service d'un dogme. Mais je n'ai pas dit le plus curieux : les païens, — dans ce temps-là du moins, — étaient ravis de cette idée de la cloche et de la tour. Au coup du matin, la ville du dragon aquatique se réveillait et tous les travaux commençaient. Au coup de midi, on s'asseyait à table, et, au coup du soir, tous les bonzes des pagodes environnantes se mettaient à battre le tambour pour le couvre-feu. C'était ordonné comme dans un couvent.

Mais toutes mes stations n'étalaient pas un pareil luxe. Me voyez-vous courir sur les épaules de mes porteurs dans la verte campagne, au milieu des rizières, passant sous les arcs de triomphe qui enjambent la route et qu'on a élevés à la mémoire des veuves non remariées? Ils portent des inscriptions pompeuses au frontispice : « Un bon sujet ne sert pas deux souverains : une femme vertueuse ne prend pas deux époux! *Tchong tchen pou se eul kiun, tchen fou pou se eul fou!...* » Me voyez-vous? C'est le missionnaire qui fait la visite des chrétientés. En arrivant, il y aura caté- chisme pour dix ou douze personnes désignées à l'avance. « Qui a créé le ciel et la terre et toutes choses? *Che choui tsao tchen liao tien ty ouan ou?* » Combien souvent j'ai adressé cette interrogation à des vieillards ou à des enfants!... Après le catéchisme, la messe, puis les confessions, et ceux qui se sont acquittés de ce devoir communieront le lende- main. Quant à l'après-midi, on la réserve aux baptêmes et aux malades.

A Ong-ky-miao, je confessais mes gens au-dessus d'une auberge, obligé de subir un tapage infernal, et dans une soupente dont Gresset aurait ri :

> Si ma chambre est ronde ou carrée,
> C'est ce que je ne dirai pas;
> Tout ce que j'en sais, sans compas,
> C'est que depuis l'oblique entrée
> A la lucarne mal vitrée,
> On peut faire jusqu'à trois pas.

Eh bien! lecteur qui venez de me suivre avec quelque intérêt peut-être, ce beau district a été mis à feu et à sang il y a quelques années, et à cette heure que s'y passe-t-il? Quant à vous avoir raconté les choses de Chine, *tchong koué*

se, non! non! je n'ai presque rien dit, et vous ne savez
encore rien, rien du tout... Attendez un peu, vous allez
être édifiés.

VI

Le citadin chinois.

Vous le connaissez le citadin chinois; vous l'avez vu à
Paris, car on voit tout à Paris. C'était un attaché à la léga-
tion, ou un jeune étudiant de la mission que la Chine entretient dans notre capitale; — une concession qu'elle nous
fait, et encore! — J'en regardais trois, l'autre jour, qui
sortaient du joli pavillon qu'on trouve à l'entrée du Bois;
pas embarrassés du tout les Célestes! et ils faisaient comme
chez eux. Vous les auriez interrogés, s'ils avaient pu vous
répondre, ils vous auraient dit sans vergogne que le Bois,
l'avenue du Bois, l'Arc de triomphe et les Champs-Élysées
n'avaient rien d'extraordinaire; pour eux, la Chine est le
premier pays du monde; l'orgueil national est un trait caractéristique du Chinois. Nous allons voir s'ils ont sujet d'être
fiers objectivement.

Nous sommes dans une ville chinoise, une de l'ouest, à
cinq cents lieues du littoral; Tchong-kin-fou, du Se-Tchouan
oriental.

En Chine, les *fou* sont les villes de premier ordre, les
tchou de second, les *hien* de troisième; les premières sont
des préfectures, les autres des sous-préfectures.

Mille ans avant notre ère, il y avait donc là un royaume,
dont notre ville était la capitale. On sait que l'empire chinois actuel, conquis par les Tartares-Mandchoux des steppes
du Nord, était divisé autrefois par petits États; le royaume
central aurait soumis tous les autres, et, par extension, on
a donné à tout le territoire le nom d'Empire du Milieu,

Tchong-Koué. On l'appelle aussi Céleste-Empire, parce que le souverain prend fastueusement le titre de Fils du Ciel.

C'est un va-et-vient continuel; une foule innombrable circule sur les chemins, du fleuve à la ville et dans les rues; cette foule est tout aussi bruyante que les Napolitains dont nous parlions tout à l'heure. *Hi-ho! ha-ho!* Les porteurs font retentir ce cri sans cesse ni répit; c'est pour marquer le pas et charmer la monotonie de leur existence. Vêtus d'une chemise de coton bleu serrée à la ceinture, ils transportent tous leur fardeau suspendu aux deux extrémités d'un fort bambou. Tout se porte à dos d'homme, même les hommes; car vous voyez circuler aussi de nombreux palanquins où se prélassent les gens qui en ont le moyen. Ce n'est pas tout le monde.

Les boutiques des deux côtés de la rue s'étalent, surmontées d'enseignes pompeuses. L'étranger qui vient à Paris et parcourt nos grands boulevards s'extasie, dit-on, devant les lettres gigantesques qui ornent les balcons et sont autant de réclames. Ce n'est rien à côté du luxe des enseignes chinoises, composées en caractères dorés, en beaux caractères compliqués, écrits avec élégance sur une table de laque rouge ou noire.

Ici un magasin de meubles ou de soieries; là un marchand d'objets en cuivre pour le ménage et la toilette; plus loin une épicerie, une pâtisserie, un boucher, un orfèvre, une boutique d'éventails et de parapluies en papier huilé. Et quelles odeurs! quelles odeurs! Quant aux hôtels et aux maisons de thé, c'est ici surtout qu'il faut regarder les enseignes. Si vous vous écoutez, vous ferez une station dans chacun d'eux; le moyen de faire autrement! Vous n'avez donc pas lu? Hôtel des désirs accomplis, hôtel de l'Hospitalité gratuite, hôtel de l'Humble Fortune, hôtel de la Vertu, hôtel du Jardin des Roses, etc.

C'est un pays de cocagne: interrogez ces gros négociants que vous apercevez dans les magasins sans devantures, ouverts à tous les vents; ces respectables bourgeois qui paraissent si satisfaits de la vie.

En voici un: son honnête figure bouffie, où clignotent

Escorte d'un mandarin.

deux yeux en amandes, est surmontée de la calotte de satin
noir à bouton rouge. Il porte une superbe robe en soie du
pays, couleur bleue ou grise ou prune, serrée à la taille par
une large ceinture de même étoffe; il a passé sur son dos
le *ma-koua-tse*, la casaque-pardessus en drap, aux manches
larges et courtes, ou bien le *ko-chan-long*, aux manches
plus longues : aux pieds, des souliers de drap aux arabesques
de velours; sur le nez, une paire de lunettes rondes en cris-
tal de roche avec une grosse monture de cuivre; dans la
main, s'il n'a pas la machine à compter aux billes d'ivoire,
il tient l'éventail de feuilles de palmier ou l'inévitable *chouy
yen tay*, la pipe à eau; si enfin il ne tient rien, il a les
mains passées dans ses manches, et je vous certifie que ce
riche gentleman, dans cet accoutrement, a conscience de sa
dignité. Il y a bien la natte de cheveux, signe de la servitude imposée par les conquérants tartares; mais on a parfaitement oublié ce qu'elle représentait dans l'origine; pour
le moment c'est le plus bel ornement de notre personnage.

Pénétrons plus avant dans la maison, une belle maison
de briques grises, avec une entrée dans la rue voisine, peut-
être. Voici le vestibule où l'on dépose les palanquins, puis
une cour, puis un corps de bâtiment, une grande salle que
l'on traverse sans s'arrêter, puis une seconde cour, enfin un
autre corps de bâtiment et derrière encore une autre cour.

Ces cours sont ornées de verdure et de fleurs entretenues
avec amour par des jardiniers spéciaux; des camélias, des
pêchers, des *lan-hoa*, sorte de tulipes, des arbustes auxquels
on donne la forme d'un chien, d'un tigre, d'un lion. Les
appartements privés, les chambres à coucher sont à droite
et à gauche des grandes salles du milieu. Généralement,
malgré quelques beaux meubles de laque, les chambres sont
obscures et humides; l'usage des vitres est inconnu; aux
petites fenêtres carrées, des treillages revêtus de papier
soyeux mais opaque. Il est impossible de rien apercevoir au
dehors; donnez au contraire une petite poussée au papier,
faites-y un trou du bout du doigt, vous verrez parfaitement
au dedans. Ces indélicatesses se commettent souvent en
Chine.

La grande salle du fond est le salon de réception. Il n'y a pas d'étage; on aperçoit les poutres du toit soutenues par de hautes colonnes de bois verni et peint en rouge. Au fond se dresse un large canapé en bois noir, à deux places, séparées par un tabouret qui sert à poser les tasses de thé. A droite et à gauche des chaises recouvertes d'une pièce de drap et toutes séparées aussi par des crédences pour le service du thé. Au milieu de la salle souvent une table carrée. Aux murs pendent des tablettes en papier blanc sur lesquelles on a peint des personnages historiques ou mythologiques, ou ces beaux caractères chinois qu'on sait. Des lanternes ovales ou rectangulaires en étoffe ou en verre se balancent sur vos têtes.

Le repas est servi! Ils sont quatre assis à la table carrée, jouant des bâtonnets d'ivoire et piquant çà et là dans un des douze bols placés au milieu, entre eux. Les serviteurs vigilants, attentifs au moindre signe, s'empressent derrière les convives et leur versent l'eau-de-vie brûlante dans des tasses microscopiques. Les convives sont joyeux, ils n'ont sur les lèvres que des paroles de politesse; toujours les mêmes, par exemple : « *Pou-chao-leao !* Quel copieux repas ! *Pou-kan-tang !* Je n'oserais avaler cette bouchée avant vous ! *To sié !* Mille grâces ! etc. »

On apporte le riz dans d'autres bols; alors les fruits, les gâteaux de sésame, les bonbons, les pépins de citrouille par lesquels on a commencé, à l'inverse de la pâle et barbare Europe, sont mis de côté, et l'on attaque vigoureusement les poulets bouillis, les jambons, les ailerons de requin, les nids d'hirondelles et les petits chiens. De temps à autre un vieux prend délicatement du bout de ses propres bâtonnets un bon morceau pour le déposer sur le riz de son voisin, et celui-ci de se confondre en remerciements. Puisque je vous dis, diables d'Occident, que vous n'entendez rien à l'urbanité et aux rits!...

Le repas se termine par la tasse de thé et la pipe de tabac traditionnelle. Et nos convives de philosopher, de raconter des traits de l'histoire nationale, de citer des proverbes, de rire gentiment, doucement, sans éclats.

C'est ainsi que les choses se passent là à côté, dans le secret des appartements intérieurs du palais mandarinal. Mais lorsque le mandarin-préfet paraît en public, il en va autrement. Investi d'un pouvoir presque sans limites, le simple sous-préfet, *tche hien,* apparaît dans toute la pompe orientale, trônant dans sa chaise, entouré d'un peuple de satellites et de soldats. On bat le tam-tam devant lui; on porte derrière le grand parasol d'honneur.

Il s'avance par les rues de la cité, vêtu de son costume de cérémonie, le bouton bleu vissé au sommet du bonnet officiel, le poitrine couverte du plastron orné de la grue symbolique, le collier d'ambre autour du cou. Tout à l'heure il est descendu de son tribunal, peut-être en marchant dans le sang du malheureux qu'il a fait fustiger à coups de rotins; il est passé ensuite devant d'autres misérables dont les têtes grimaçaient au-dessus de leurs lourdes cangues; maintenant il court, il vole au milieu des *cent familles,* de ce peuple que sa garde écarte à grands coups de gaules. Il rencontre un théâtre en plein vent où vingt mille spectateurs sont réunis, et il dit : « C'est bien! ils s'amusent. » Il longe les escaliers d'une magnifique pagode, où par les portes à demi ouvertes on entrevoit dans la pénombre la colossale statue de Bouddha, assis sur les talons, le doigt levé vers le ciel, et il dit : « C'est bien! les dieux me protègent; la ville est heureuse. Continuons, continuons à en tirer de l'or et du sang. »

Voilà le « père et la mère du peuple » !

Lecteurs, avez-vous remarqué que je n'ai pas encore dit un mot de la femme? La femme ne compte pas en Chine, on ne la nomme pas; elle vit à l'intérieur, humble, effacée, retirée dans les profondeurs du gynécée. Patience pourtant; nous la verrons tout à l'heure, pour vous faire plaisir.

VII

Le laboureur chinois.

A la sueur de ton visaige
Tu gagneras ta pauvre vie;
Après maint travail et usaige
Voici la mort qui te convie...

Jamais ces vers mélancoliques n'ont eu une meilleure application qu'en Chine. Le voyez-vous le laboureur, la robe retroussée, la natte roulée autour de la tête? Dans la rizière, il pousse devant lui la charrue attelée d'un buffle noir, — une charrue sans coutre, sans oreilles et sans roue, un soc emmanché d'un morceau de bois recourbé. — Le buffle est un heureux animal qui, après son travail, peut se reposer. Il est uniquement destiné à l'agriculture; quand il sera vieux, on ne le tuera point, il mourra de sa belle mort. Pas de vaches, le Chinois a leur lait en horreur ; c'est du *sang blanc*. Par contre, il engraisse beaucoup de volailles et des porcs : la seule viande qu'il mange.

Dans ces pays perdus, aucun morceau de terrain ne sera négligé; la plaine est couverte de rizières; les collines sont cultivées elles-mêmes, et les rizières remplies d'eau s'y étagent les unes au-dessus des autres. Le sommet de la hauteur est souvent une rizière; on y fait monter l'eau au moyen de chapelets de seaux fort ingénieux et très simples en même temps; dans la vallée, des canaux servent à l'irrigation. On voit de riches paysans, un panier à la main, suivre les animaux pour recueillir leur fumier. Partout des fossés où l'on entasse aussi l'engrais humain; je laisse à penser si les campagnes sont odorantes. Jean-Marie Farina n'est pas un Chinois; Cologne est loin!...

Voici des champs de cannes à sucre, des champs de froment même, des champs de pavots pour l'opium, — la plaie du pays, l'abrutissante fumigation; — voici des plantations d'arbustes à thé qui sont comme de petits camélias, aux feuilles sombres et bronzées; voici des pépinières d'arbres inconnus chez nous : le *tong chou*, qui ressemble au noyer et donne un fruit précieux dont on extrait l'huile; le *pé lachou*, qui ressemble au cerisier et sur lequel un insecte dépose la cire blanche. On exporte du Se-Tchouan tous les ans pour quatre millions d'huile et quatre millions de cire.

Allons! allons! brave paysan, travaille, prépare la moisson. Les jambes dans l'eau sale où grouillent toutes sortes de poissons, sarcle, échenille du matin jusqu'au soir; la terre produira deux récoltes si tu prends de la peine. Mais le proverbe a raison :

« Celui qui mange le riz ne connaît pas les fatigues du bœuf qui a labouré. *Tche fan pou tche nieou sin kou.* »

Et gare au mandarin! gare à l'impôt!

« Les mandarins en face des sapèques sont comme des sangsues à la vue du sang. *Kon jen kien tsien jou tsang yn kien hiué.* »

Le mandarin est l'ennemi du paysan, qui fera tout son possible pour s'en passer, même quand il en aurait besoin; cela coûte trop cher. Dans la campagne, occupé à son champ, le laboureur voit de loin la tour de briques à sept étages qui lui annonce le voisinage de la ville, et intérieurement il se félicite d'être un Tityre et un Mélibée, et de vivre à peu près paisiblement dans son coin herbu, à l'abri du regard inquisitorial du maître.

Celui-ci apparaît pourtant une fois ou deux officiellement et à jour marqué aux yeux des ruraux; c'est pour la fête des semailles, qu'on appelle aussi « jour de l'emprisonne- ment des esprits malfaisants » et « journée des aliments froids ». On en saisit la raison. Le mandarin donne alors au peuple l'exemple de la pénitence, pour appeler la bénédiction du ciel, pour conjurer l'enfer et empêcher les diables d'enlever la semence et d'étouffer les germes; au son du tam-tam, du canon et des cloches des pagodes, le sous-préfet commande aux malins esprits de rentrer en ville

et d'aller y attendre ses ordres. Les citadins ne tiennent
guère à cette compagnie; ils auront leur tour de faveur; à
la fin de l'automne, on lâchera de nouveau les diables dans
les guérets.

Le vingt-cinquième jour de la deuxième lune, on voit
aussi l'empereur à Pékin, et les grands mandarins dans les
provinces, conduire eux-mêmes la charrue pour honorer
l'agriculture.

Quels soins, quelle vigilance le paysan chinois n'appor-
tera-t-il pas à son bien, à sa terre! Il lui faut garder la
moisson quand elle commence à mûrir. Les maraudeurs
s'en vont de ci de là, braconnant et coupant les épis furti-
vement pendant la nuit; mais le *tsin-miao-houi* veille. Les
propriétaires se sont constitués en société, et, depuis huit
heures du soir jusqu'à cinq heures du matin, il y aura des
hommes dans les champs : armés d'une petite bêche, d'un
pinceau et d'un pot de chaux, ils disposeront de distance
en distance de petits amas de terre blanchis, qui serviront
le lendemain à faire constater leur vigilance. Le moyen est
ingénieux et bien chinois.

Puis, quand on a coupé et battu les gerbes, vanné les
grains sur la grande aire devant la maison, on les dépose
dans des paniers d'osier si hauts qu'ils faut une échelle pour
en atteindre le sommet. Les voleurs sont à craindre encore
et toujours. On a donc constitué une autre société de veil-
leurs de nuit : dans les villages et les marchés, comme dans
les grands centres, on les reconnaît quand on entend le
bruit du gong, de la crécelle et des bâtons de bambous.
Bonnes gens, dormez en paix; l'ange gardien est là!

Il est des périls plus grands qui surgissent à certaines
époques. Un voleur n'est rien auprès d'une armée de *Nien-
Fei*, par exemple, de ces rebelles qui parcourent la campagne à défaut des villes, mettant tout à feu et à sang. Les
paysans sont aussi organisés pour résister à ces terribles
attaques dans le cas où elles se produiraient.

Certes, ce n'est pas le soldat impérial qui les défendrait.
Un soldat chinois est ordinairement un misérable voyou
habillé de noir, ayant sur le dos et la poitrine un grand

caractère qui indique sa profession et une 'sorte de turban rouge autour de la tête. Quand ce n'est pas un régulier de Pe-kin ou du fameux vice-roi Ly-hong-tchang, — un des rares Chinois intelligents à notre façon, — il est armé d'une lance, d'un arc ou d'un mauvais fusil à pierre; il a en outre son parapluie de papier et sa lanterne. Le général ou le colonel se fait porter, au milieu de la tourbe, dans une élégante litière. Cela s'appelle une armée.

Les notables des villages et des fermes ont donc pris l'initiative de l'organisation des milices nationales propres à repousser les agressions importantes et à défendre la vie, les maisons et les biens des intéressés. Chaque famille participe à l'œuvre; les uns donnent des hommes, les autres de l'argent pour l'armement, l'équipement et l'entretien.

Je me souviens que pendant mon séjour dans l'Empire du Milieu, j'aimais à aller de temps à autre rendre visite à un riche chrétien nommé Tang-tao-ping, qui précisément commandait les gardes nationales du pays. Dans sa vaste ferme, située au milieu d'un ravissant paysage où les pruniers et les pêchers en fleurs à ce moment-là embaumaient, il y avait dans le fond une grande salle toujours fermée. Cette salle m'intriguait. J'étais alors avec un missionnaire qui n'avait pas froid aux yeux. Il venait du sud du Se-Tchouan, d'un pays où il avait eu maille à partir avec les rebelles; enfermé par eux dans une forteresse escarpée, il avait dû faire le coup de feu plusieurs fois. C'était un soldat.

Nous demandâmes à Tang-tao-ping de nous ouvrir la salle mystérieuse; il accéda à notre désir; elle était pleine d'armes. Mais il ne s'y trouvait pas seulement des lances et des fusils, il y avait une quantité incroyable d'instruments de musique. Nous nous offrîmes un concert à nous-mêmes.

Ce concert pouvait être plus ou moins harmonieux pour des oreilles européennes; baste! en Chine, il n'y a pas de quoi se gêner. Prenez six hommes, distribuez-leur un tambour, une trompette, une clarinette, une flûte, un tam-tam, des cymbales ou tout simplement une petite assiette de cuivre. Qu'ils ignorent absolument une note et méconnaissent toute mesure, peu importe ! cela est indifférent. Eh bien ! d'un bout à l'autre de l'empire, on voit de pareils corps de musique partout : sur terre et sur l'eau, à l'armée, au milieu des réjouissances publiques, au théâtre, au temple, dans les enterrements et les mariages. Le Chinois est enragé de musique. Qu'il puisse souffler à perdre haleine ou taper à tour de bras, il est content. Les drôles de corps ! Mais où est le temps où les empereurs et les sages de la vieille Chine tiraient des sons merveilleux de la lyre à vingt-sept cordes ou composaient « l'harmonie qui dissipe les nuages de l'intelligence » ? Leurs descendants sont bien dégénérés.

Je ne relève qu'une exception : les prières des chrétiens. Dans ces campagnes que nous évangélisons, dans ces fermes où les paysans nous reçoivent de leur mieux et avec tout leur cœur, — car ils aiment leur père, — celui-ci, levé à l'aube, sort de sa petite chambre située à côté de la salle des hôtes ou salon d'honneur. On a élevé là un autel modeste où le missionnaire célèbre la messe, et, pendant le temps du divin sacrifice, les gens, hommes d'un côté, femmes de l'autre, à genoux par terre, les mains jointes, balançant leur corps, font entendre longtemps de suaves mélodies.

Voici, par exemple, leur *Pater :*

Tsay tien ngo ten fou tche ; ngo ten iuen eul min kien chen ; eul koué lin ké ; eul tchè tchen hin iu tî jou iu tien ien. Ngo ten ouang eul kin jé, iu ngo ngo jé iuong leang ; eul mien ngo tchay jou ngo y mien fou ngo tchay tche. Ieou pou ngo hiu han iu ieou kan ; lay kieou ngo iu hiong ngo. Ya mong.

Oh ! je me rappellerai toute ma vie mes séjours prolongés dans les fermes chinoises, bien plus délicieux que mes stations forcées dans les villes. Les campagnes d'abord sont beaucoup plus propres, et le paysan est un être simple et tranquille qui viendra au missionnaire plus facilement qu'un autre, gâté par la corruption qu'on rencontre dans les grandes agglomérations. Ne les froissez pas, traitez-les avec douceur et politesse; vous en ferez tout ce que vous voudrez : annoncez-leur l'Évangile, parlez-leur de Dieu ou de la vérité, ils viendront à vous comme on va au soleil, à la lumière et à la chaleur.

VIII

La femme chinoise.

Mesdames et mesdemoiselles, écoutez les paroles d'un homme qui a vécu longtemps en Chine et qui connaît bien la question :

« Un homme en Chine en parlant à une femme ne la regardera jamais en face, ni ne se tournera vers elle. Lorsqu'une femme sort pour se rendre dans quelque endroit, si elle a soin de sa réputation, elle se fera toujours accompagner. Lorsqu'elle arrive dans une auberge, ce n'est pas l'aubergiste qui vient la recevoir, mais sa femme ou sa fille qui l'introduit dans l'appartement où mangent les femmes et qui a soin d'elle. S'il arrive un étranger à la maison et qu'il soit invité à dîner, serait-ce un ami de la famille, les femmes ne mangeront pas à la même table. C'est une grande indécence de regarder les pieds d'une femme. »

Rien que ces lignes peuvent vous édifier déjà. Eh quoi! ne pas même être autorisé à regarder une femme ou les pieds d'une femme! C'est ainsi. Toutes vos données sont renversées, n'est-ce pas? le monde l'est tout à fait en Chine. Vous savez qu'on y mange le dessert avant le potage; vous verrez tout à l'heure que la couleur du deuil, c'est le blanc; il y a bien d'autres bizarreries.

Ainsi, il semble que l'habit court soit le propre des messieurs et que le costume long soit celui des dames; nullement. Ici, les dames portent une robe plus courte que celle des hommes; mais elle leur couvre entièrement le cou, et puis elles ont un large pantalon. La couleur du vêtement est le bleu, le violet, le brun, le rouge et le vert, ces deux dernières nuances leur appartenant exclusivement. Leurs cheveux, d'un beau noir, sont relevés en coques savantes, ornées de fleurs et de longues aiguilles d'argent croisées; les boucles d'oreilles et les bracelets sont de même métal.

La figure? Mesdames, vous les trouveriez laides et toutes

Coiffure chinoise.

pareilles; au bout de quelque temps de séjour là-bas, vous ferez déjà des distinctions.

Les pieds? Voilà un sujet interdit, je vous l'ai dit. Donc tout bas et à l'oreille quelques renseignements succincts. Oui, elles ont de tout petits pieds, disons mieux, des moignons informes. Dès l'âge de quatre à cinq ans, on les leur serre jusqu'au-dessus des chevilles. Les petites filles souffrent naturellement beaucoup, elles sont tentées de crier, de protester; mais elles savent bien vite que si elles ne se soumettent pas, elles seront laides, et alors, vous comprenez, tout s'arrange. Je ne sais ce qu'on ne ferait pas endurer à une Française pour lui procurer une taille fine; les Fran-

çaises excuseront les Chinoises. La petite fille, du reste,
s'habitue vite, et j'en ai vu qui se servaient de leurs pieds
mutilés pour jouer au volant avec une habileté surpre-
nante.

Quand elle sera grande, si elle est riche, elle ira en
palanquin; si elle est pauvre, pour la marche, elle s'aidera
d'un bâton.

C'est une impératrice, paraît-il, qui a mis les petits

Coiffure chinoise.

pieds à la mode, et la mode est restée. D'autres racontent
que les Chinois ont gardé et imposé cette coutume à leurs
femmes pour les mieux tenir en sujétion et dépendance au
logis... Chut!... Chose singulière! les femmes des conquérants actuels du Céleste-Empire, les dames tartares qui
vivent au milieu des Chinoises, ne se sont nullement
approprié cette coutume gênante et se moquent du qu'en-
dira-t-on. Elles ont bien raison.

« Nous sommes, dit la lettrée Tang, la partie la plus
faible du genre humain. Sachons nous contenter de notre
rôle, quelque humiliant qu'il nous paraisse. »

7*

Il est certain que le rôle de la femme en Chine est bien
inférieur à celui qu'elle remplit dans nos pays civilisés et
chrétiens. Autrefois, c'était pis encore. Depuis cent ans
peut-être, la femme chinoise a su, à force d'adresse, conquérir un rang meilleur. Elle n'est pas devenue la com-
pagne véritable de son mari, mais elle n'est plus tout à fait
son esclave.

Néanmoins, sa naissance est toujours regardée avec moins
de plaisir que celle d'un garçon; elle peut être promise et
donnée en mariage sans avoir été consultée; il arrive même
qu'elle soit promise avant d'avoir vu le jour : « Si j'ai une
fille, je la marierai avec ton garçon. » C'est une coutume
chinoise. La femme n'a pas droit à sa part de l'héritage
paternel.

Les familles, en Chine, ne se séparent pas comme chez
nous; souvent, dans une même maison, on rencontre jusqu'à quarante et soixante personnes, depuis le bisaïeul
jusqu'aux arrière-petits-enfants, par conséquent trois, quatre,
cinq ménages qui n'en font qu'un, se servant de la même
cuisine, des mêmes ustensiles, des mêmes meubles. Les
brus sont là côte à côte, obligées de vivre ensemble; je
vous laisse à penser, dans ce milieu tout païen et égoïste,
ce que peut être l'intérieur d'une maison chinoise. Quand
les hommes ne sont pas là, les femmes se dévorent.

On vend sur les marchés des romans de mœurs qui nous
révèlent toutes ces jolies choses. Voici par exemple une
conversation entre deux belles-sœurs en colère; elles s'ap-
pellent Tcheng-che et Ouang-che :

TCHENG-CHE

Comment! vile créature, cœur plein de fiel, tu oses, toi,
frapper ma fille?

OUANG-CHE

Je ne la frappe pas aussi souvent que tu frappes la
mienne. Prends garde! ma patience est à bout.

TCHENG-CHE

Ta patience! J'en ai eu hier, quand tu as retardé d'une
heure le dîner pour laisser mon petit mourir de faim. Tu
étais contente de l'entendre crier après son riz?

OUANG-CHE

Oh! tu es plus active que moi, c'est certain! Tu as six paires de mains et huit paires de jambes... Ah! tu m'en fais endurer!

TCHENG-CHE

Quoi? Voyons, qu'est-ce que je fais? Parle...

OUANG-CHE

Ah! c'est facile, va! Tiens, quand mes parents viennent me voir, on ne se met guère en frais pour eux; quand ce sont les tiens qui viennent, tout de suite il leur faut du poulet et du bon vin.

THENG-CHE

Mais tes parents sont toujours fourrés ici; les miens ne viennent que très rarement.

OUANG-CHE

Et le riz de la maison que tu voles en cachette pour le vendre au marché et te faire une petite bourse? Tu crois que je ne le vois pas?

TCHENG-CHE

Et le maïs dont tu as pris plusieurs corbeilles? Tu crois que je ne le vois pas?

OUANG-CHE

Et ton mari qui veut tout conduire; ah! il s'y connaît! Toujours parti pour le marché, toujours sorti pour faire le joli cœur et aller bavarder dans les maisons de thé, tandis que mon mari à moi s'exténue de travail dans les champs...

Cela continue ainsi jusqu'à ce qu'on en vienne aux menaces et aux coups.

Les femmes chinoises savent se créer des ressources. En cachette, elles s'organisent en sociétés tout comme les hommes; elles font une pièce de toile; elles vont dans la basse-cour et prennent de temps en temps une poule ou un œuf : on porte ce butin à une vieille voisine qui va le vendre dans un endroit sûr et convenu et qui place l'argent à intérêt. Un jour, Tcheng-che s'aperçut qu'une poule manquait. Elle accusa Ouang-che; celle-ci fondit sur sa belle-sœur; en un clin d'œil, elles se déchiraient mutuellement les habits et même la figure. On dut les séparer; on fut obligé, plus tard, de porter le différend devant le mandarin. Pour le coup, c'était fini; au bout de deux années de procédure, les deux familles furent ruinées.

Les malheureuses n'avaient pas besoin de ce surcroît de peine et d'afflictions, et elles avaient pourtant devant les yeux, même au sein de leur paganisme, de beaux exemples à suivre; ne serait-ce que celui de la vierge Si-Hoa, cette radieuse figure de femme qu'on est tout étonné de rencontrer dans le Panthéon chinois.

Dès sa plus tendre enfance, elle avait déclaré au roi Kao-iang, son père, qui régnait vers l'an 2512 avant Jésus-Christ, qu'elle voulait demeurer vierge, et elle se retira dans la solitude des montagnes de Taï-gan, dans le Chan-tong, sous la protection d'un serviteur appelé Ouang-Koui, âgé de quarante ans, et appartenant à une noble famille. Ce fut Kao-iang qui dit à celui-ci : « Tu seras son gardien! » Les environs de la grotte où vivait la jeune vierge se recouvrirent de pêchers magnifiques; on venait de vingt lieues à la ronde pour voir la sainte, qui faisait des miracles et qui mourut un jour, comme une fleur dont les pétales tombent au souffle de la brise, la tête appuyée contre le mur d'une petite pagode, le visage tourné vers l'occident. De nos jours encore, c'est un des lieux de pèlerinage les plus fréquentés de toute la Chine, et on appelle Si-Hoa « la sainte Mère du Ciel ». Les chrétiens ne nomment pas autrement une autre vierge qui leur est chère. Lecteurs, croyez-vous qu'il n'y ait pas là un rapprochement singulier et comme une lueur de la vérité?

IX

Le mariage en Chine.

« La condition de la femme en Chine fait pitié, dit M. Huc dans son bel ouvrage : *l'Empire chinois;* les souffrances, les privations, le mépris, toutes les misères et toutes les afflictions la saisissent au berceau et l'accompagnent jusqu'à la tombe. La jeune fille est enfermée dans sa maison, occupée exclusivement des soins du ménage, traitée par tout le monde, et surtout par ses frères, comme une servante dont on a le droit d'exiger les services les plus bas et les plus pénibles. Les plaisirs et les distractions de son âge lui sont inconnus; toute son instruction consiste à savoir manier l'aiguille; elle ne doit apprendre ni à lire ni à écrire; il n'y a pour elle ni école, ni maison d'éducation; elle est condamnée à végéter dans l'ignorance la plus absolue et dans l'isolement le plus complet, jusqu'à ce qu'on songe à la marier. Alors seulement on s'occupe d'elle. Mais l'idée de sa nullité est poussée si loin, qu'elle n'entre pour rien dans la négociation de cet acte, le plus grave et le plus décisif de la vie d'une femme; la consulter, lui faire connaître son futur époux, lui en dire même le nom serait considéré comme une ridicule superfluité. On la vend au plus offrant. Par son mariage elle est jetée, faible et sans expérience, chez des inconnus. Dans sa nouvelle famille, elle doit obéissance à tous. Selon l'expression d'un ancien auteur chinois, la nouvelle mariée ne doit être dans la maison qu'une pure ombre et un simple écho. »

Il est des gens dont l'unique métier est de faire les mariages; ce sont les *tchong-jen* ou entremetteurs des deux sexes. Du reste, on a besoin du tchong-jen pour tous les genres de commerce, dans ce singulier pays. Les parents s'adressent donc à eux, et il faut qu'ils s'y prennent de bonne heure, car c'est un déshonneur pour une jeune fille de n'être pas fiancée à l'âge de dix ans.

Le jeune Siao, qui exerce la noble profession de cuisinier au service d'un grand mandarin, va se marier. Il se préoccupe beaucoup des différents achats qu'il lui faut faire à cette occasion : cinq pièces de toile, des bijoux pour les cheveux de sa future, du fil et de la soie pour broderies, deux poulets gras et des sucreries. Maintenant, la maison à louer et le cautionnement à donner au propriétaire, et puis les ustensiles du ménage : des marmites, des pots, des tasses de tout calibre, — il connaît ça, lui, c'est sa spécialité, — un foyer, un grand baquet pour l'eau, des cuillers, des balais, des tables, des chaises, des bancs, une armoire pour ranger la vaisselle; deux autres armoires pour serrer le linge et les habits; un lit avec nattes, couvertures et petits oreillers carrés; deux voiles qui servent de tenture aux portes.

Ce cuisinier va parler de son affaire à un portier du palais, qui lui dit :

« Est-ce une jeune fille *à la tête verte* ou une veuve?

— Oh! c'est une jeune fille à la tête verte (un jeune arbrisseau).

— Comment l'appelez-vous?

— Sou.

— Que fait-elle?

— Elle habite dans la maison de ses parents.

— Tiens! mais je connais son père : il n'est, ma foi, pas riche. Mon garçon, vous n'aurez pas une grosse dot.

— Baste! ça ne fait rien! Depuis que je suis au service du grand homme, j'ai gagné pas mal de sapèques.

— Oh! alors! Eh bien! voulez-vous? Au moment du mariage, je préviendrai ma belle-sœur et elle ira chercher votre femme chez ses parents. Ça y est-il?

— Certes! »

Deux mois après cette conversation, les amis du cuisinier et les entremetteurs s'en vont en ville; ils louent trois palanquins, dix brancards pour porter les habits, les ustensiles, les meubles et les vivres pour le repas de noces; ils demandent aussi cinq ou six musiciens. Puis ils reviennent et préparent l'envoi, aux parents et connaissances, des invitations sur beau papier rouge et sous enveloppes, comme il convient. Toutes ces formalités accomplies, nos entremetteurs se rendent dans la maison du père de la fiancée.

Ils arrivent. Discours au père Sou; ils le supplient d'accepter leurs misérables présents, mais leur misère doit disparaître dans sa magnanimité comme les ruisseaux dans la grande mer. Discours du père Sou, qui affirme qu'il est un homme grossier et mal élevé, — c'est du chinois, — et qu'il n'a pas été assez loin à la rencontre des nobles hôtes venus jusqu'à sa chétive maison; un brin de paille, pas plus, cette maison... Il offre à son tour des cadeaux au fiancé : deux paires de bottes, un bonnet de cérémonie, deux paires de bas brodés, deux paires de cuissards qu'on passe sur les bas et le pantalon, dix mouchoirs brodés, une bourse brodée pour le voyage, deux étuis d'éventail, deux ceintures pour soutenir les pantalons, deux taies d'oreillers. Pendant ce temps-là, la musique joue.

Les entremetteurs reviennent trouver le cuisinier Siao, qui se confond en remerciements et les prie de prendre quelques tasses de son mauvais vin (en chinois toujours).

Deux mois après on envoie les lettres d'invitation, on annonce le jour du mariage et on offre encore à la famille de la fiancée deux morceaux de porc, deux vases de vieux vin, deux canards, deux poissons et des sucreries. Quelques jours plus tard, dix livres de farine, deux coqs et un morceau de porc. Il y aura de quoi faire bombance chez les Sou!...

Arrive enfin le jour du mariage. La jeune fille sort de la maison de ses parents dans un beau palanquin d'étoffe rouge, porté par quatre hommes : il est entièrement fermé, et il est impossible, du dedans, de voir ni d'être vu. Sur la route, tous les passants doivent lui céder le pas, fût-ce même les grands mandarins. Aux approches de la maison du fiancé, on crie : « La voilà! la voilà! » et on tire le canon, on joue des airs de musique. Tapage général, pen-

dant lequel la pauvre victime, couverte d'un énorme chapeau, attend dans la chaise. Le mari, lui, se sauve dans sa
chambre et affecte des airs indifférents. On va le chercher;
il vient ouvrir le palanquin, fait descendre sa femme, et tous
deux s'approchent de la tablette des ancêtres, qu'ils saluent
par trois génuflexions. Cela fait, devant les parents, ils
boivent un peu de vin; le mariage désormais est accompli.

Les parents feignent de se prosterner devant les conjoints.
Ceux-ci s'empressent de les relever et plient eux-mêmes les
genoux. Le repas de noce a lieu immédiatement : le mari
boit et mange comme tous les conviés; l'épouse, toujours
voilée, ne prend rien; elle fait semblant de porter quelques
aliments à sa bouche. Le repas fini, les époux entrent dans
la chambre nuptiale; c'est alors seulement que le mari,
ayant ôté le masque de sa femme, la voit pour la première
fois. Jolie ou non, c'est la même chose, il devra paraître
fort satisfait.

Les portes de l'appartement s'ouvrent, et tous peuvent
entrer et contempler la mariée à leur tour en faisant tout
haut leurs réflexions. Elle est là, la malheureuse, assise sur
son lit, entourée de ses ustensiles de ménage et de ses
malles ornées du caractère *Chi*, qui veut dire bonheur.
Sera-t-elle heureuse? hélas! Elle est là et doit garder le
silence devant les réflexions les plus désobligeantes. Les
ustensiles de ménage qu'elle apporte sont toujours les
mêmes : deux chandeliers d'étain, une théière, deux tasses
à thé, une cuvette de cuivre, du fil, des aiguilles, une bouteille contenant de l'huile de pin destinée à donner du lui-
sant à la chevelure. Si son père a un peu de cœur pourtant,
il aura eu recours aux sociétés dotales, assez nombreuses
dans le pays, et il aura pu glisser à sa fille, dans la main,
une somme d'argent plus ou moins ronde; autrement celle-ci
n'aura plus qu'une ressource pour s'habiller et se procurer
quelques petites douceurs : s'humilier devant son mari et
ses beaux-parents, montrer de l'aménité, du respect et de
la persévérance; ce sont des qualités qui réussissent partout.

Quant aux distractions, elle sera assez ingénieuse pour en

trouver; elle fera la causette avec les amies, rendra visite
de temps en temps à ses parents, ira en pèlerinage aux

Mariage chinois.

pagodes; avec cela on se console encore de bien des
misères.

Telle est la vie de la femme chinoise. Triste, n'est-ce pas,
mes jeunes lectrices? et vous n'en n'êtes pas là : c'est que
vous appartenez à des pays chrétiens. Si la Chinoise est

chrétienne, sa condition à elle aussi change. D'abord son enfance est sacrée, elle *vivra,* — ce qui est déjà quelque chose, — elle ne sera pas abandonnée de tous, elle devra apprendre ses prières et étudier la doctrine; elle ira à l'école comme un garçon, — fait inouï! — Son cœur et son esprit seront éclairés, réchauffés, élargis. Épouse et mère, elle aura plus de dignité encore : elle sera respectée; elle vivra en commun avec les chrétiennes ses compagnes; elle goûtera alors de vraies joies et de véritables consolations, et, après avoir connu la charité des autres, elle pratiquera cette vertu envers son prochain. La femme chinoise doit sa réhabilitation à l'Évangile; plus d'une fois elle a donné d'admirables exemples de foi, de vertu, d'héroïsme, surtout pendant les persécutions religieuses, et elle a montré qu'en Chine comme en Europe il peut se rencontrer des Hélène, des Paule, des Monique, des Thérèse, des Geneviève, des Clotilde et même des Jeanne d'Arc. Ces noms sont la gloire et l'honneur éternels de la femme, et la Chinoise commence à le savoir.

Un mot que j'ai souligné plus haut indique quel peut être le sort de la femme entrant dans le monde : elle peut ne pas vivre, oui! Qu'on ne s'étonne pas : l'infanticide est la plaie de certaines provinces en Chine. On tue les enfants, les petites filles surtout. Les missionnaires donnent les causes de cette barbare coutume; ce sont l'inconduite des parents, la misère, la gêne d'une nombreuse famille, et quelquefois tout simplement le caprice.

Il y a aussi la superstition, l'idiote superstition. Les bonzes, qui sont moitié prêtres et moitié gardiens des pagodes, enseignent que l'homme a trois *houen* ou esprits; à la mort, l'un transmigre dans un autre corps, l'autre reste dans la famille, le troisième repose sur la tombe. Lorsqu'un enfant est à l'agonie ou seulement malade, on s'arrange de manière que son esprit, à la sortie du corps, ne connaisse pas la famille du petit défunt; on prend donc le pauvre être et on le jette à l'eau, ou bien on va l'exposer ou l'enterrer dans un endroit écarté. Voilà pourtant ce qui se passe encore de nos jours malgré les édits des mandarins bien peu respectés, et on comprend dès lors l'inappréciable bienfait de l'œuvre si connue de la Sainte-Enfance ou des Petits Chinois, qui dispute chaque année des milliers d'enfants à la dent des chiens ou au bec des corbeaux, à l'aide des secours envoyés par leurs frères ou leurs sœurs d'Europe.

S'il s'agit d'un petit garçon, la famille fondra en larmes, le père s'arrachera les cheveux devant le cadavre de son fils; on l'enterrera avec de grands honneurs. Pour une petite fille, on l'emportera vite et on l'enfouira dans un coin du champ voisin, sans que personne suive son convoi.

Si c'est une femme mariée, à moins qu'elle ne soit la mère ou la grand'mère, on ne fera guère plus de cérémonies, et le mari lui-même ne pourra sans honte montrer quelque douleur.

Si c'est un homme, tout est en révolution : on construit un catafalque et des petites pagodes en nattes devant la porte de la maison mortuaire; on invite des musiciens et des bonzes qui viennent pendant plusieurs jours réciter des prières près du mort, et *pratiquer une brèche à l'enfer,* pour en faire sortir l'âme qui s'est envolée. On brûle une quantité de papier-monnaie, afin que le défunt ne manque pas d'argent dans l'autre monde; puis on procède à la sépulture. Le cercueil, en beau bois verni acheté longtemps à l'avance, peut-être un cadeau de fête des enfants, est porté par huit hommes. Tous les parents et amis sont en deuil; au lieu du bonnet on a roulé un linge blanc autour de la tête; la robe, les bas, les souliers, la ceinture sont en lin blanc. On ensevelit le mort, puis on revient à la maison faire un grand repas où il y a quelquefois quatre ou cinq cents convives. On porte le deuil trois ans, et le trépas d'un homme coûte parfois jusqu'à trois mille francs, qui en valent bien dix chez nous.

Telles sont les funérailles chinoises; mais s'il s'agissait d'un grand mandarin ou de l'empereur, le deuil ne finirait plus. Quand le Fils du Ciel quitte la vie, on dit qu'il *éclate* ou encore que la montagne s'est écroulée! *Pong leao!*

X

Le mandarin chinois.

« *Ya men pa tse kay, yeou ly ou tsien mo tsin lay*. La grande porte du prétoire est toujours ouverte; quand on a le droit de son côté, et pas de sapèques dans la poche, il faut se garder d'y entrer. »

Les Chinois aiment à parler gravement, sentencieusement, et ils citent volontiers des proverbes, dont ils ont là-bas une aussi riche collection que nous-mêmes. Celui-ci est bien connu; il résume toute la question que nous voulons traiter. Le mandarinat est une belle et antique institution; mais il se déshonore de plus en plus.

Qu'est-ce qu'un mandarin? Vous le savez déjà. Vous êtes mêlé à la foule; vous cheminez paisiblement dans les étroites rues de la vieille cité, bayant aux corneilles, vous éventant nonchalamment, tirant des bouffées de votre pipe, regardant les boutiques aux belles enseignes de laque noire, avec de grands caractères dorés. Tout à coup, au-dessus des mille rumeurs qui vous entourent, plane une rumeur formidable, un bruit strident : *Bim! zim! bômmm!* Le gong! le tam-tam! *Bim! bim! bim!* Et la foule s'écarte à droite et à gauche pour faire place à la procession qui s'avance, non! accourt, roule en avalanche.

Des satellites habillés comme des mendiants, avec des figures de malfaiteurs, le teint blême, les yeux furibonds, mais coiffés du chapeau de cérémonie, chassent le peuple à grands coups de gaules. Tous ces malheureux, porteurs d'eau, porteurs de riz, porteurs de cuivre, porteurs de palanquins, déroulent au plus vite la natte qu'ils ont relevée sur la tête en chignon, pour travailler plus aisément; ils se rangent le long des boutiques, et, vous-même, vous y voilà collé, heureux encore si dans la bagarre votre voisin, qui transporte la fosse d'aisance aux champs prochains, n'a rien laissé choir sur votre robe de soie.

Bim!... la cohue passe, c'est la *ma-kouai :* des satellites qui portent le tam-tam ; des satellites qui portent des tablettes de bois avec des caractères indiquant le titre du grand homme; des satellites qui portent des oriflammes; des satellites qui traînent des prisonniers, et, au milieu de cet affreux cortège, le *fou mou kouan,* le père et la mère du peuple; cet homme-là, assis dans son palanquin, la figure bouffie, l'air ennuyé ou préoccupé. Vous avez saisi au passage cette tête plus ou moins aristocratique, entre le bonnet officiel et le scintillement du costume, des breloques et des insignes. Rien qu'un diminutif de la pompe orientale antique, un vague souvenir des anciens âges; allez! les satrapes du temps des Grecs ou d'Artaxercès Longue-Main avaient plus de décence et n'eussent point souffert cet entourage immonde; et si vous passez dans les Indes, même de nos jours, si vous allez à la cour des nababs, ils vous offriront un spectacle plus merveilleux, plus grandiose et plus propre. Il n'y a pas à dire, la Chine est en décadence; cette civilisation est pourrie...

Ici, ils ne connaissent point la séparation des pouvoirs : administrateur et juge, c'est tout un, et avec cela l'autorité absolue, autocratique : cet homme que vous venez de voir passer, trônant dans son palanquin et qui commande dans une capitale de trois mille âmes, a droit de vie et de mort sur ses subordonnés; vous voyez les garanties d'indépendance offertes aux citoyens par une semblable organisation.

En Chine, nous comptons seize provinces; dans quelques-unes, comme le Se-Tchouan, il y a jusqu'à trente-cinq millions d'habitants; dans la capitale, deux millions. Le gouverneur de la province ou vice-roi s'appelle *tche-taï* ou *tsong-tou.* Immédiatement au-dessous de lui, un ou deux gouverneurs appelés *fou-taï,* puis le *fan-taï,* trésorier général, puis le *tao-taï,* qui inspecte les préfets.

Les villes se divisent en trois classes; les *fou,* les *tcheou* et les *shien;* les fou sont des préfectures, les tcheou, des sous-préfectures de première classe, les shien, des sous-préfectures de seconde classe. Un mandarin-préfet, *tche-fou,* commande à un fou; les *tche-shien* sont les sous-préfets préposés aux tcheou et aux shien. Ils sont légion, en Chine; tout le pays est dans leurs mains. Au Se-Tchouan, pour douze fou et dix-neuf tcheou, il y a cent douze shien, villes murées, résidence des sous-préfets.

Pour compléter ces renseignements précis sur la hiérarchie mandarinale, disons que le mandarinat se subdivise en neuf degrés d'honneur, dont les insignes sont les fameux boutons vissés au sommet du bonnet officiel, — rouge, bleu, blanc et or, — et que, parallèlement aux degrés civils, correspondent autant de degrés militaires. Le mandarin militaire est loin d'avoir l'autorité du civil; dans quelques villes, il a à peine quelques soldats sous ses ordres, et son grade peut équivaloir à notre grade de sous-lieutenant, et peut-être bien même de sergent.

Ce qui relève le mandarinat militaire, c'est cette curieuse particularité qu'on rencontre dans certaines grandes villes chinoises et qui consiste dans l'installation, près du vice-roi ou du tche-fou, d'un maréchal tartare appelé *kian-kiun,* représentant de l'empereur (qui, comme on sait, est Tartare mandchou) et sans lequel le vice-roi ne peut rien ordonner. Le maréchal est un seigneur puissant qui réside dans un quartier spécial habité seulement par les troupes tartares, et c'est probablement grâce à cette institution prudente, à ce contrepoids efficace, que la dynastie actuelle doit de s'être maintenue si longtemps au pouvoir. Cela durera ce que ça durera! Il y a temps pour tout et aussi de fatales échéances à subir!...

Le tche-shien nomme de son propre chef les maires des bourgs un peu importants, *ti-pao;* il se fait aussi représenter dans les sous-préfectures par des délégués appelés *eul-ia, san-ia.*

Mais est-il payé par le gouvernement? Il devrait l'être; il l'est peu ou point. Qu'on se rassure pourtant sur son

compte, il ne poussera pas le désintéressement jusqu'à vivre
de l'air du temps; certes, non! Il a son casuel, ajoutons
qu'il en a besoin, car il lui faut faire mille cadeaux à ses
supérieurs, à tout propos, surtout au jour de l'an pour le
ko-nien et aux anniversaires de naissance. En Chine, la
naissance de certains hommes cause la mort de bien des
bourses. Et puis, ceux qui serrent de près le tche-shien, ce
sont ses amis.

Ses amis, il en a; il en faut partout. « Un bon ami est
un trésor, » dit l'Écriture. « Un bon ami vide le trésor, »
chez les Chinois. Comment, en effet, le mandarin est-il arrivé
à sa haute situation? Voici : d'abord, et ceci serait tout à
l'honneur du Céleste-Empire, s'il n'y avait que cela, les
dignités sont accordées aux gradés en littérature. On passe
des examens tous les ans dans le chef-lieu de la province
ou à Pékin, s'il le faut, et l'on devient, tout comme chez
nous, *sieou-tsay,* bachelier, *kiu-jen,* licencié, ou *han-lin,*
docteur. Le mandarin devra être licencié; c'est bien! Mais
comme chez nous encore, les places sont rares, et pour un
poste il se trouve cent candidats lesquels n'ont ni sou ni
maille; ils ont tout dépensé, pour les examens d'abord, et
ensuite pour l'obtention d'un brevet de magistrat surnumé-
raire.

L'union fait la force, — chacun sait ça; — les malheureux stagiaires d'une capitale de province, par exemple, se
réunissent en société *kouan-houi,* association de préten-
dants au mandarinat, et fouillent le fond de leurs poches;
c'est quelquefois difficile, par la raison d'abord que les
vêtements chinois ne comportent pas cet appendice utile, et
qu'ensuite on y trouverait tout autre chose que de l'argent; néanmoins le besoin et l'étude des belles-lettres rendent
ingénieux; on est probablement agent subalterne dans un
tribunal : on pressure les plaideurs et les accusés; on vole
dix taëls ici et vingt taëls là; il en faut deux mille cinq cents,
— le taël vaut huit francs environ. — Quand on les a réunis,
on dépêche le plus madré des stagiaires au ministère de
l'intérieur à Pékin, au *li-pou,* et là il se démène tant et si

bien, qu'il obtient un poste de sous-préfet n'importe où,
excepté dans son propre pays. S'il est du Se-Tchouan, on
l'enverra au Tché-ly.

Ces sociétés des promotions mandarinales ont un patron,
un saint du calendrier chinois, Liu-Pou Oui, un marchand
qui devint chancelier du royaume de Tsing, vers l'an 220
avant J.-C. On célèbre sa fête le vingtième jour de la
douzième lune; les réjouissances doivent être modestes,
comme il convient à des gens qui sont obligés de vivre très
modestement, en attendant mieux.

Mais, maintenant que le tche-shien, l'ami, est élu, tous
les amis partent sur ses traces et vont s'installer chez lui.
Il faut bien les recevoir, il faut les héberger, non pas un
jour, mais quasi tous les jours; il faut leur donner les
postes vacants, créer pour eux des charges et des fonctions;
ils vivent sur l'infortuné sous-préfet; ils ont place à l'assiette
au beurre et gare aux *cent familles!* Les cent familles, c'est
le peuple, le bon peuple des contribuables, des ouvriers et
des paysans qui se laisse gruger et égorger et continue
d'appeler le mandarin *son père et sa mère.*

Le fou-mou-kouan siège sur son tribunal. Une grande
table à laquelle on accède par une longue avenue, en passant sous deux ou trois portes sur lesquelles on a peint les
dieux de la justice et de la guerre, des monstres grimaçants
et contorsionnés; à droite et à gauche de l'avenue, les bureaux
des employés et des satellites saturés de l'odeur d'opium, et
puis les prisons. Devant les portes, au-dessus desquelles on
pourrait écrire en beaux caractères chinois :

Lasciate ogni speranza ,

des prévenus ou des condamnés tous à la cangue. Cette
cangue est une lourde table de bois avec trois trous, un
pour la tête, deux autres pour les mains. On porte cela tout
le temps, on couche avec; pour cela faire, on l'appuie
contre la muraille et on peut s'asseoir par terre; mais je
laisse à penser l'horrible gêne que cet instrument peut et

doit causer au patient, quand surtout il le porte depuis
de longs mois. Pour manger, il faut qu'on lui glisse le riz
dans la bouche avec des bâtonnets. Malheur à celui qui n'a
pas sa femme ou son fils ou sa fille pour lui rendre ce ser-

Tribunal chinois.

vice ; il endure mille agonies, et la valetaille rit et chante
à côté !...

Mais passons. Le fauteuil du sous-préfet se dresse derrière une table recouverte d'un tapis rouge, au-dessus
d'une estrade. Sur la table se trouvent des pinceaux, de
l'encre, de petits jetons en bambous avec des chiffres gravés
dans le bois, des rouleaux de papier ; ce sont les *tchem-tse*,
suppliques, requêtes civiles ou plaintes au criminel.

Des lances ornées de franges vertes sont plantées au bout
de la table ; des instruments de torture sont suspendus à la
muraille : des haches, des fouets, des rotins, des semelles

8

de bottes pour frapper sur la bouche. Le mandarin porte
au cou le collier de grains d'ambre, et sur la poitrine la
grue, signe de l'autorité civile. Près de lui sont rangés les
tche-ié, conseillers ou secrétaires, les *taï-chou*, avoués, les
ou-tsouo, médecins légistes, les bourreaux. Quand j'aurai
nommé les *men-chan*, gardiens des portes, j'aurai énu-
méré presque tous les employés d'un tribunal.

L'accusé est amené, il s'agenouillé :

« Ton nom? dit le sous-préfet juge.

— Le tout petit porte le nom vil et méprisable de Tong.

— Quel âge as-tu?

— Il y a vingt-cinq ans que le tout petit endure les misères de la vie dans le pauvre pays de Ma-pao-tchang. »

L'interrogatoire continue. S'il y a lieu, — et cela arrive
huit fois sur dix, — le tout-puissant préfet choisit avec non-
chalance un des jetons qui se trouvent sur la table rouge et
le lance à terre. Les bourreaux le ramassent, puis saisissent
le patient, lui rabattent son large pantalon sur les pieds,
l'enroulent autour des jambes et le fixent à un piquet en
jetant le malheureux ventre à terre; ils ont aussi attaché
la natte de cheveux à un autre piquet, et ils ont détaché de
la muraille les rotins flexibles.

Les voici deux de chaque côté du condamné : « *Tà! tà!*
frappe, frappe! » a crié le mandarin d'une voix glapissante,
et ils frappent en chantant et en marquant les coups :
« *Y, eul, san, se, ou, lou...* Un, deux, trois, quatre,
cinq, six. » Le premier zèbre la peau d'une raie sanglante;
au troisième, le sang jaillit. On dit que, par un phénomène
singulier, quand c'est un chrétien qui est là attaché entre
les deux piquets et à qui on applique la bastonnade, il est
toujours plus durement éprouvé que les autres. C'est que le
chrétien est pauvre, et qu'il n'a pas préalablement graissé
la patte à la *ma-kouai*.

Quelquefois cinq ou six y passent dans une séance; quelquefois même il y en a davantage, et le sol devient aussi rouge
que le tapis de la grande table, et l'élégant tche-shien est obligé
de relever sa robe en descendant du tribunal, pour rega-
gner ses appartements. « Va, va, grand homme, va prendre

ta pipe à eau et boire ta tasse de thé, tu as appliqué en toute justice et impartialité les lois du *ta-Tsing-lu-ly*. La dynastie des Tsing est glorieuse entre toutes; son code est parfait, et toi tu n'es pas un tyran; mais celui qui est là maintenant dans la prison, couché et gémissant, la chair meurtrie, les os brisés, est bien réellement un tout petit, un vil, un méprisable avorton, et il endurera longtemps, longtemps les misères de la vie dans son pauvre pays!... »

Cependant, voici venir le seizième jour de la douzième lune, et les affaires sont suspendues; les vacances du jour de l'an commencent dans le prétoire. Le gardien de la première porte va trouver le cuisinier en chef et lui dit : « Le grand homme va manger le riz solennel de la fin de l'année; attention! vous connaissez la coutume, il faut réquisitionner (dans les prétoires, on réquisitionne souvent); donc la ville donnera deux charges de farine, deux charges d'huile de sénevé, cent livres de viande et deux confiseurs, pour faire les sucreries d'usage. Gardiens de la seconde porte, venez ici et écoutez! Vous allez aller aux magasins de charbon et vous demanderez trois cents livres de braise; si on refuse de les donner de suite, prenez des satellites et faites charger de chaînes les récalcitrants. »

Mais tout va à merveille; le grand homme a pris le repas de fin d'année selon les rites; il est content, et il fait appeler le men-chan que nous connaissons, pour le renseigner sur les cadeaux à faire et à recevoir. Pendant la période des premiers jours de l'an, les tribunaux chinois ressemblent à une banque immense; ce qui entre et ce qui sort d'argent dans ces maisons-là est fabuleux. Le men-chan s'empresse de donner des explications au mandarin et d'énumérer tous les employés ou dignitaires qui s'attendent à recevoir des gratifications : les gardiens des portes, les courriers, les conseillers, les notaires, les suivants, les cuisiniers, les marmitons qui cuisent le riz et font bouillir l'eau, les porteurs de palanquins, les huissiers, les soldats.

Le lendemain, premier jour de l'année, le premier menchan vient avertir le mandarin. « Tous les cuisiniers viennent

pour saluer le grand homme, sa mère, ses fils, ses filles,
ses épouses et ses concubines. » Le mandarin sort de sa
chambre et crie joyeusement : « C'est bien, c'est bien!
vous venez pour vous faire payer une dette : je donne au
chef deux taëls, à tous les autres une ligature (cinq francs
environ). — Mille grâces! mille grâces! »

C'est le tour des conseillers maintenant; ils entrent et
font la génuflexion. « Relevez-vous, dit le tche-shien; vous
avez eu beaucoup d'occupations pendant l'année : je vous
offre à chacun dix taëls pour acheter des bottes de soie. »

Et ainsi de suite. Voilà la vie d'un mandarin, prise sur
le fait. Entre nous, vie aussi ennuyeuse que possible. Mais
que ne ferait-on pas pour le prestige et la gloire? Il n'y
a pas rien qu'en Chine qu'on raisonne de la sorte...

Parmi ces mandarins, il est de bons diables. J'avais pour
ami un Européen qui était fort lié avec l'un d'eux, un
vieux sous-préfet. Celui-ci, par exemple, l'assassinait de
demandes de services et le fatiguait par ses politesses.
Il voulait même lui donner sa fille en mariage; or, l'Européen était déjà marié! Mais le vieux n'en démordait pas
quand même; une femme de plus ou de moins, qu'est-ce
que cela pouvait faire? Il avait aussi la manie des pendules;
douce, innocente, mais ennuyeuse manie! Bref, un jour
qu'il apportait pour la dixième fois, et en grande pompe
comme toujours, avec tout son cortège, une horloge à
réparer à mon ami, celui-ci y donna un coup de pouce, et
dit au vieux magistrat :

« Grand homme, la machine va, mais un rien peut la
déranger; il faut beaucoup de soins, beaucoup d'adresse
pour la transporter chez toi au *ya-men*. Nous allons
prendre ton palanquin de cérémonie qui est commode, et
nous la mettrons dedans.

— C'est ça, dit le mandarin, je la porterai moi-même.

— Non pas; j'ai découvert parmi tes hommes un garçon
intelligent, il fera l'affaire. »

Ce disant, il lui désignait le plus déguenillé des gens de
la ma-kouai et faisait monter celui-ci dans le palanquin en

drap bleu, surmonté d'une boule d'argent. Le sous-préfet trépignait ; le pauvre satellite avec sa pendule sur les genoux, assis sur les coussins de satin, eût voulu être à cent pieds sous terre ; il entendait son maître hurler :

Supplice de la cangue.

« Si tu casses le mécanisme, je te fais rosser en arrivant ! »

Agréable perspective pour un homme qui sait ce que c'est, puisque la chose rentre dans ses attributions ! Pour un peu, mon ami eût exigé qu'on abritât le palanquin et le satellite avec le parasol d'honneur réservé aux magistrats. La foule s'amusait énormément.

En arrivant au prétoire, quand le bonhomme sortit plus mort que vif de sa chaise avec l'horloge, celle-ci ne mar-

chait plus ! Il allait être attaché entre les deux piquets,
quand notre Européen, qui accourait derrière, intercéda
pour lui et remit tout en état.

Mais tous les tche-shien n'ont pas la manie des pendules; il y en a de plus sérieux. J'en ai connu un, celui
de Ta-Tsiou dans le Se-Tchouan, qui était un homme juste,
un vrai lettré des anciens âges. On en trouve encore quelques-uns comme cela; seulement le proverbe a prévu le cas,
et dit :

« *Kouan tsin se che seou.* Si un mandarin est honnête,
les gens de sa suite sont maigres. »

Dame, ils l'étaient. Et l'herbe croissait entre les pavés
de la cour du tribunal. Je ne sais trop comment il s'en
tirait, ce sous-préfet. Pour faire des cadeaux, il faut en
recevoir; moi, je lui en ai donné un, mais ce n'est pas cela
qui l'a enrichi. Pour je ne sais quel placard injurieux contre
les chrétiens, affiché sur les murs de la ville, j'allai le
trouver. J'étais avec un prêtre chinois, qui tremblait de
tous ses membres; nous étions portés en palanquin, et tout
à coup nous fûmes arrêtés devant la grande porte du ya-
men : le gardien, un puissant fonctionnaire, comme on sait,
refusait l'entrée, donnant pour prétexte que le magistrat
était malade. On offre toujours quelque chose au gardien;
moi, je lui fis dire par les porteurs de palanquin que je
lui offrirais de ma propre main des coups de bâton. Ce
n'était pas très conforme aux rites, je l'avoue; mais le
moyen de faire autrement! Nous étions environnés de deux
à trois mille individus, qui pouvaient bien nous faire un
mauvais parti.

Au bout d'un quart d'heure on ouvrait, et nous péné-
trions dans l'intérieur des appartements privés. Le tche-shien
arriva le corps plié en deux; il était vraiment malade. Je
m'excusai; il fut charmant, et arrangea l'affaire pour le
mieux. Autour de lui se pressaient la famille et les fami-
liers : une cinquantaine de personnes au moins; c'est là
que j'ai compris ce que c'étaient que les sociétés de promotions mandarinales. Derrière des stores en bambou j'en-
tendais jacasser des perruches; c'étaient les femmes de la

maison qui me voyaient parfaitement, si je ne les voyais pas. En partant, j'offris donc au sous-préfet une image de journal illustré représentant la charge des cuirassiers de Reichshoffen; tous se précipitèrent pour la voir; j'eus un succès fou.

On conçoit ce que peut être un peuple qui est dans la main de ses maîtres comme le peuple chinois. « Le roi est semblable à un vase, le peuple à l'eau; si le vase est rond, l'eau aura une forme ronde. » C'est encore un proverbe : *Kiun yeou pey y, min yeou chouy y, pey fang chouy fang, pey yuen chouy yuen.*

Le mandarin mauvais fera un peuple mauvais, menteur, cupide, lâche, cruel. Il en va autrement avec les chrétiens, qui, eux, instruits par les missionnaires, éclairés par l'Évangile, forts de la grâce d'en haut , se révèlent tout d'un coup aux yeux étonnés des magistrats avec des qualités nouvelles et peu ordinaires parmi leurs compatriotes. Aussi, il faut voir la rage qui transporte parfois *ces pères et mères* du peuple. « Le *siao pé sin,* le petit peuple, affecte des allures de philosophe et de sage ! il sait quelque chose ! il a conscience de sa dignité ! il méprise la religion des ancêtres ! il suit les préceptes d'une religion étrangère ! il fait cause commune avec le diable occidental...! il faut mettre le petit peuple à la raison.

« Comment! mais ces étrangers sont les ennemis secrets de l'Empire ! C'est un fait connu. Tous, des sectateurs de sociétés secrètes : celle du Seigneur du Ciel et celle du Nénuphar blanc (*Pé-lien-kiao*) ou de la Lampe rouge (*Hong ten kiao*), tout cela, c'est la même chose; et alors, quel est leur but? Sauver leur âme? allons donc! qu'est-ce que c'est que cela l'âme? un *ky,* de l'air, quoi? de la fumée qui s'évapore, lorsque la vie quitte le corps. Posséder des dignités, des richesses, jouir des plaisirs de la vie, voilà le seul et le vrai paradis. Je n'en connais point d'autre. Leur salut à eux, leur paradis est un mythe — comme ceux de la religion de Boudha, les lettrés n'y croient guère —. Que veulent-ils alors ces chrétiens? Ils ne peuvent désirer qu'une chose,

la ruine de l'ordre existant, le renversement de la dynastie
tartare, et ce sont les Européens qui les excitent, car
ceux-ci sont des émissaires qui préparent la conquête de la
Chine par leurs gouvernements. Défendons-nous! sus aux
chrétiens, et même aux missionnaires quand nous le pour-
rons! »

Voilà la cause, le prétexte, le secret des persécutions
religieuses dans l'Empire du milieu; ajoutez-y encore une
certaine antipathie naturelle pour l'étranger et tout ce qui
est nouveau : vous serez édifiés.

Il y avait une fois un vieux tche-shien qui administrait la
sous-préfecture de Kiu-Shien, dans le nord du Se-Tchouan,
un district qui m'a été confié vers la fin de mon séjour en
Chine. Non loin de la ville se trouve un village appelé Ly-
tou-pa, sur les bords du fleuve Pa-ho, dont les habitants
sont presque tous chrétiens paisibles, appartenant à la même
famille, — les Tong, — qui a donné plusieurs prêtres à la
mission. Le vieux mandarin, nouveau Verrès, était d'une
cupidité épouvantable; en cinq ans, il avait extorqué au
peuple cent mille taëls (huit cent mille francs). Il arriva
un jour à Ly-tou-pa sans crier gare, et fit saisir cinq des
principaux chrétiens. On les somma d'abord de fouler aux
pieds la croix; et, sur leur refus, on leur appliqua quarante
coups de semelle sur les mâchoires; puis les satellites pil-
lèrent l'oratoire des chrétiens en enlevant les nattes, les
bancs, les autels; ils prirent dans les maisons tous les
meubles à leur convenance.

Le mandarin, assis sur son tribunal, criait comme un
forcené :

« Race diabolique, il faut que je t'extermine du sol de
Kiu-hien! Vous dites : Le grand mandarin du fou (*Su-tin-
fou*) ne poursuit pas les chrétiens; moi, sous-préfet de Kiu-
hien, je veux les anéantir. Vous dites encore : Le vice-roi
de Tchen-tou ne condamne pas les chrétiens; l'empereur
leur fait grâce et les tolère. Soit; moi, sous-préfet de Kiu-
hien, je veux en finir avec eux, absolument. »

La foule des spectateurs était immense. Le mandarin,
s'adressant aux païens :

« Vous, peuple fidèle, écoutez, dit-il, écoutez : avez-vous de l'argent ou du riz des chrétiens? gardez-vous de leur rien rendre. Si, au contraire, ils vous doivent, exigez qu'ils vous remboursent; sinon, accusez-les, frappez-les, tuez-les! ne craignez rien, le mandarin est pour vous. »

On battit les accusés pendant plusieurs jours; leurs mâchoires n'étaient qu'une plaie, le sang coulait de partout; les membres étaient brisés, les dos sillonnés de coupures. Ces scènes atroces ne prirent fin qu'à la suite d'une visite d'un sous-préfet voisin, qui dit à son collègue :

« A quoi bon sévir contre des hommes qui ne sont ni voleurs ni rebelles? En vain les tourmenteriez-vous; s'ils sont foncièrement chrétiens, ils se laisseront plutôt tuer que de renoncer à leur religion. Croyez-moi, terminez au plus tôt cette affaire. »

Quel pouvoir effectif l'administration centrale peut-elle avoir sur de pareilles brutes et qui administrent, eux, à cinq cents lieues de là? Souvent aucun. Ces persécutions locales semblent se renouveler dans un grand nombre de provinces depuis quelque temps et touchent à l'Européen. L'attention des gouvernements européens a été attirée; la Chine n'a qu'à se bien tenir. Cette fois, si on entre en action, ce sera sérieux. On ne se battra plus dans les montagnes et les brousses du Tonkin dix contre cent! On mettra en ligne des armées et de formidables flottes. Oh! si seulement en pareille occurrence on faisait ce qu'on eût dû laisser faire à Courbet il y a sept ans! porter un grand coup au cœur même de la Chine, tout le long des rives du Fleuve Bleu jusqu'aux rapides du Hou-pé.

Dix mille hommes là, dans ces plaines immenses et riches, dans ces villes ouvertes ou murées, — pour rire, — les vapeurs derrière, et les *cent familles* apprendraient à leurs dépens qu'elles ne peuvent plus désormais, dans leur insupportable jactance, se déclarer victorieuses, comme au Tonkin, comme ailleurs encore. La renommée aux cent voix porterait partout le moindre exploit de nos troupes. J'avoue qu'il y aurait bien un moment d'anarchie dur à passer; la dynastie mandchoue pourrait sombrer dans la tourmente, et il faudrait du temps pour pacifier un pays de quatre cents millions d'habitants. Mais enfin il est inadmissible qu'à notre époque un pareil pays se refuse à la civilisation, au progrès, à la liberté. Un jour ou l'autre, malgré leur *fongchouy* (superstitions), avec les chemins de fer, on ira encore vite d'une extrémité à l'autre de l'Empire du milieu. Ce jour-là, l'influence des lettrés aura vécu, l'administration mandarinale sera réformée, et les chrétiens réciteront leurs prières en paix. On dit que tout finit en France par des chansons; peut-être que tout finira en Chine par les sifflets et les grondements des locomotives courant à travers les rizières et les pagodes.

XI

L'avenir en Chine.

Nous sommes en 1990 à Tchong-Kin, dans l'État du Se-Tchouan. Le *tao-tay*, ou inspecteur des préfets, donne une fête à l'occasion de la réception de l'escadre française qui est venue mouiller dans les eaux du Fleuve Bleu, en face de la ville, — car il n'y a plus de rapides, on les a fait sauter avec la dynamite. — Sur terre et sur l'eau c'est une animation extraordinaire. Les drapeaux jaunes et tricolores flottent joyeusement au vent; le canon tonne à bord des frégates chinoises pour répondre au salut des Français. Dans les rues, tirées au cordeau, et sur les larges boulevards une foule joyeuse se presse. La gare centrale des chemins de fer de Tchen-Tou, la capitale de l'État, vomit des flots de voyageurs endimanchés. Chose curieuse, les femmes n'ont plus de petits pieds; ce stupide usage est aboli depuis que la dynastie tartare a vécu; les femmes chinoises maintenant dansent comme en Occident, comme partout. Nos officiers, ce soir au bal de l'hôtel du Gouvernement, n'auront que l'embarras du choix parmi les beautés de Tchong-Kin, et elles ne seront pas les seules à accourir à la fête, dans leurs plus beaux atours; les dames annamites et thibétaines forment une nombreuse colonie ici; le Tonkin n'est plus qu'à une journée de chemin; la voie ferrée a détruit tous les obstacles.

Avançons. D'élégantes victorias traînées par de bons chevaux ont remplacé les palanquins d'antan; au-dessus de nos têtes un réseau de fils électriques; à côté de nous des tramways nombreux qui circulent dans toutes les directions; ici une école normale secondaire pour jeunes filles; là un groupe scolaire; plus loin, le splendide Nouveau-Théâtre, et dans la rue voisine l'Opéra. Où sont les virtuoses qui nous écorchaient les oreilles il y a cent ans? A travers des avenues bordées d'hôtels particuliers construits en pierre de taille, mais dans le goût du pays, nous arrivons à une place où des caractères gigantesques qui ornent les balcons des vérandas nous annoncent les offices des grandes agences et de la fameuse *Gazette de l'Ouest,* organe des intérêts industriels de la province. Tchong-Kin est célèbre par ses manufactures de soieries et ses usines d'où sort le plus beau cuivre du monde entier. Les magasins de ses boulevards, surtout le soir, éclairés à la lumière électrique, sont des merveilles.

Un régiment de Célestes, vêtus de vareuses jaunes et parfaitement équipés, armés du nouveau fusil à tir rapide, se rend à la grande cathédrale, dont le gros bourdon résonne là-bas dominant tous ces bruits joyeux. Tchong-Kin est presque tout entier converti au catholicisme; ses pagodes sont devenues de magnifiques églises. L'évêque de la ville va chanter un *Te Deum* solennel pour remercier Dieu de l'arrivée des Français, de vieux alliés depuis cinquante ans.

VIEILLE SION

Jaffa, Lydda, Ramleh, Seged, Déir-Aban, Béthir... Vous
êtes en chemin de fer et vous entendez crier les noms de ces
stations, au milieu d'un paysage qui n'est guère attrayant,
allez! C'est pierres sur pierres, rochers et rochers; de temps
à autre vous traversez une haie de cactus aux grosses raquettes ou d'aloès aux sabres pointus; de ci, de là, vous
voyez pointer vers le ciel un palmier décharné. Vous vous
croiriez en Espagne, du côté de l'Andalousie, ou encore
dans certaines parties de l'Algérie ou de la Sicile. Vous
apercevez aussi, de quart d'heure en quart d'heure, quelques
Arabes dépenaillés poussant devant eux des ânes paresseux
ou de grands chameaux attelés à la file; enfin ce qu'on
appelle une caravane. Celle-ci aura bientôt vécu :

> La vapeur désormais fait un jeu des voyages ;
> Plus de ces animaux tout meurtris, tout sanglants,
> Dont un fer implacable aiguillonne les flancs;
> C'est le feu qu'on attelle, et, dévorant l'espace,
> Comme une vision la caravane passe.

Vous êtes en chemin de fer. O stupeur! après la halte de
Béthir, onze kilomètres plus loin, vous arrivez en vue d'une
route poudreuse qui s'en va en serpentant dans le désert;
vous interrogez, on vous répond : « C'est la route de Bethlé-

hem ! » Vous stoppez dans une gare ; on crie, comme autrefois du temps de Godefroy de Bouillon : « Jérusalem ! Jérusalem ! »

Et c'est vrai, chers lecteurs, vous êtes comme lui, à Jérusalem.

Je ne trouve rien de plus singulier que de voir ces deux noms accolés : *Jérusalem* et *chemin de fer*. Pendant longtemps nous avons pu voir cette chose baroque sur nos murs parisiens, à propos d'une émission d'obligations au sujet de la construction de la nouvelle voie ; vraiment, cela était réservé à notre fin de siècle. Car enfin, il y a quelques jours, vous étiez sur le boulevard, au concert, en soirée, au bal peut-être ; chez vous, à vos affaires, au milieu de vos meubles confortables et de vos petits trésors artistiques ; vous les avez quittés pour vous installer non moins confortablement à bord d'un excellent paquebot, qui, en une semaine, vous a amenés au port syrien de Jaffa, en touchant à Alexandrie et au canal de Suez ; du bateau vous avez sauté dans le train sans quitter le progrès moderne, et savez-vous où vous trouvez maintenant ?

Sur cette tour, tout près de la porte de Jaffa, où flotte le drapeau ottoman, l'étendard du vieux roi David a déployé ses plis. Cette énorme coupole de la mosquée d'Omar couvre l'emplacement du fameux temple aux murs de cèdre et aux toits d'or, où les Juifs s'approchaient en tremblant du Saint des saints voilé ; cet autre dôme abrite le tombeau glorieux du Christ Jésus, fils de la Vierge Marie, fille des rois de Juda, et la colline où il fut crucifié entre deux voleurs ; cette montagne à l'est, couverte d'oliviers, a entendu les sanglots du Dieu-Homme et vu son triomphe aux jours des Rameaux et de l'Ascension ; cette route de Bethléhem mène à la grotte où il naquit une nuit d'hiver, pendant que les bergers d'alentour et les rois venus d'Orient s'acheminaient ici pour l'adorer.

O chers et doux souvenirs ! ô mystérieuse et terrible histoire ! Cette terre est sainte entre toutes les terres, ces lieux sont sacrés, et depuis des siècles le monde entier, les yeux fixés sur eux, y envoie des visiteurs et des pèlerins. Après

les moines, après les chevaliers, après les saints, vous venez
à votre tour voir la vieille Sion.

Et cette ville antique est restée antique à déconcerter;
rien ou presque rien n'a changé : ni les costumes, ni la
langue, ni les usages, ni l'aspect des lieux, au moins depuis
un long temps. Sans doute Jérusalem, il y a quinze ans,
ne comptait que quarante mille habitants et en compte
maintenant près du double; sans doute l'ouverture de la
ligne va y amener des conditions nouvelles d'existence par
l'arrivée de la houille et des matériaux de construction,
par la facilité des transports du blé de toute la région et
des productions multiples des rivages de la mer Morte :
l'asphalte, le naphte et le sel, dont les gisements sont considérables; mais les petites rues que vous parcourez n'ont
pas sensiblement changé depuis des centaines d'années; les
soins de voirie sont nuls, comme ils l'étaient alors; les
échoppes, les boutiques, les bazars appartiennent à l'im-
muable Orient; les couvents et les monastères tombent
presque de vétusté. En voici un, le couvent latin des franciscains, qui a été bâti au vᵉ siècle par Vatchang, roi de
Géorgie, et restauré par l'empereur Justinien; il a été acheté
aux Géorgiens, en 1559, par les moines, qui venaient de
perdre celui du Saint-Cénacle, enlevé par les musulmans.
Les églises et les basiliques sont de sainte Hélène et des croisés. Vous entendez : Vatchang, sainte Hélène, Justinien,
les croisés! Ces noms ne sont pas modernes.

Si vous sortez de la ville sainte, vous foulez la poussière
des siècles accumulés; vous passez dans le jardin de Gethsémani, au milieu des huit gros oliviers contemporains du
Christ Jésus. Contemporains du Christ, le sont-ils vraiment?
Pourquoi pas. L'empereur Titus n'a pas fait couper ces
arbres pendant le siège : ils étaient trop près des remparts;
et quand les musulmans se furent emparés de la Palestine,
ils établirent un impôt sur tous les arbres qui seraient plantés à partir de ce moment; nos huit oliviers ont toujours
été exemptés de l'impôt. Maintenant vous voici devant le
tombeau d'Absalon, contre lequel les passants ne manquent
pas de jeter une pierre, lapidant en pensée le fils ingrat et

le sujet rebelle; et traversant le torrent du Cédron, où Jésus
tomba, vous montez vers les derniers vestiges du Temple,
le mur fameux bâti par Salomon, où, tous les vendredis, les
juifs viennent appuyer la tête en pleurant. Spectacle inou-
bliable! je les entends encore chanter :

> A cause du palais qui est dévasté,
> A cause du Temple qui est détruit,
> A cause des murs qui sont abattus,
> A cause de notre majesté qui est passée,
> A cause de nos grands hommes qui ont péri,
> A cause des pierres précieuses qui sont brûlées,
> A cause de nos prêtres qui ont trébuché,
> A cause de nos rois qui les ont méprisés,
> Nous sommes assis solitairement et nous pleurons!

. . . .

> Nous vous en supplions, ô Jéhovah! ayez pitié de Sion!
> Rassemblez les enfants de Jérusalem!
> Hâtez-vous, hâtez-vous, Sauveur de Sion!
> Que la beauté et la majesté entourent Sion!
> Que bientôt la domination royale se rétablisse sur Sion!
> Consolez ceux qui pleurent sur Jérusalem!

Marchez, marchez toujours. Le désert commence à deux
pas de la ville, et les Bédouins nomades qui en sont les
maîtres dressent leurs tentes noires dans le fond de ces tristes
vallées. C'est la pierre nue; des collines brûlées par un soleil
étincelant, découpées par le lit des torrents, des gorges
affreuses et un morne silence qui n'est troublé que par le
cri des chacals et des vautours. Ceux qui commandent dans
ces solitudes sont de grands gaillards au visage rude et
bronzé, la tête enveloppée dans un voile serré aux tempes
par une corde en poil de chameau; ils portent le fusil en
bandoulière, la lance au poing, le yatagan à la ceinture;
ils montent souvent des chevaux rapides comme l'éclair et
accomplissent toutes les prouesses de la fantasia arabe, plan-
tant leurs lances devant les tentes, d'un geste beau et crâne,
et faisant tournoyer les sabres avec une adresse admirable.

Cependant l'aspect du pays devient de plus en plus sauvage, le lit du torrent serpente au fond d'une gorge plus

profonde, et dans la paroi du rocher qui borde la rive on
remarque les nombreuses grottes ou *laures* qui ont servi
autrefois ou servent encore d'habitation à des solitaires. Votre
pensée s'enfonce dans l'histoire pour arriver aux thébaïdes
d'Égypte, et vous rêvez de stylites et de Pères du désert ;
vous les touchez du doigt, en effet : la Thébaïde et le désert
de Judée, les alentours de Sion, c'est tout un. Tout à coup
nous sommes en vue du monastère grec de Saint-Sabas. Il
est pittoresquement bâti en gradins sur le rocher qui sur-
plombe à une grande hauteur le lit du Cédron, et il est
entouré de solides remparts. Dans la partie haute où nous
arrivons, il y a deux tours, dont l'une est adjacente aux murailles. Le voyageur, avant de venir à Saint-Sabas, doit se
munir de deux lettres, l'une du pacha de Jérusalem pour
les cheiks bédouins dont il traverse les territoires, l'autre
du patriarche grec. Quand il approche du couvent, le moine
de garde posté au sommet de la tour fait descendre un
panier pour recevoir cette dernière missive ; alors seulement,
après avoir vérifié la recommandation, la porte s'ouvre. La
seconde tour, située en dehors de l'enceinte fortifiée, est
réservée aux femmes, qui n'ont pas le droit d'entrer dans
le monastère et qui grimpent dans leur habitation particulière par une fenêtre haute et au moyen d'une échelle qui
est aussitôt retirée. Toutes ces précautions sont prises pour
se mettre à l'abri d'un coup de main des Bédouins et aussi
des incursions des léopards.

Chères lectrices, vous n'entrerez pas plus à Saint-Sabas
qu'au mont Athos, d'où toute femme et même tout animal
de sexe femelle est écarté ; mais moi qui ai eu l'heur d'y
pénétrer, je vous dirai ce que j'y ai vu : j'y ai vu le tombeau de saint Sabas. Celui-ci était le disciple de saint
Euthyme de Mélitène, qui vint dans ces parages en l'an 405
et y convertit l'impératrice Eudoxie, attachée aux erreurs
d'Eutychès. Celle-ci l'avait suivi au désert. Quel temps que
celui où les impératrices, méprisant le luxe et la mollesse
des cours et bravant les aspérités des routes et les intem-
péries des saisons, venaient courageusement dans cet enfer
pour conquérir le ciel !

Monastère de Saint-Sabas.

J'ai vu là aussi le tombeau de saint Jean Damascène, puis
une chapelle où l'on montre les quarante-quatre crânes des
solitaires martyrisés par les soldats de Chosroës, à l'époque
où le roi de Perse prit Jérusalem; j'ai visité la grande église
du couvent et j'y ai vu, dans le vestibule, les cloches qui
ne sont que des plaques d'airain sur lesquelles on frappe
avec un maillet pour appeler au chœur et à l'office; sur la
grande terrasse j'ai vu des centaines d'oiseaux venir manger
sans crainte dans la main des moines. O temps primitifs!
O vieille Sion!

Là tout près, du haut des collines, on aperçoit le lac
Maudit; c'est comme une immense glace, un miroir de
géant, qui reflète les teintes blafardes du ciel. Le paysage
est en accord avec les souvenirs; on sent bien que sous cette
eau horrible se cachent les ruines des villes coupables de
Sodome et de Gomorrhe, les victimes de la vengeance divine.
Le soleil de la mer Morte est redoutable; on dirait que le feu
et le soufre vont aussi tomber sur le voyageur : Voici une
plaine brûlante, toute blanche des émanations salines de
la mer. On arrive enfin devant des racines, des branches
mortes, des arbres entiers apportés au lac par le Jourdain
et repoussés sur ses bords; le rivage est blanc, calciné.
Nous avons devant nous un bassin long de vingt lieues et
large de cinq à six, jeté entre les montagnes de Judée, d'une
part, et les montagnes de Moab, de l'autre. Le cœur se serre,
et rien ne peut le réjouir; la brise, l'agitation des vagues,
les jeux des poissons et des oiseaux à la surface des flots,
l'aspect des navires et des bateaux pêcheurs, le rivage couvert de verdure et d'ombre, tout ce qui fait aimer la mer
est ici absent. « Leur terre, a dit le Seigneur, désormais
ne sera plus qu'un amas d'épines sèches, que des monceaux
de sel et une solitude éternelle! » — « Quiconque passera
au travers de ces terres sera frappé d'étonnement... Il n'y
aura plus personne qui y demeure; il n'y aura plus d'hommes
pour y habiter! » Ainsi parlent les prophètes Sophonie et
Jérémie.

Pourtant, quand on arrive à l'embouchure du Jourdain
où l'eau, peu large, est excessivement rapide et un peu

troublée, on trouve enfin de la verdure et des arbres de toutes sortes; on comprend alors l'exclamation du poëte :

> O rives du Jourdain, ô champs aimés des cieux,
> Sacrés monts, fertiles vallées
> Par cent miracles signalées !

C'est l'endroit où les Hébreux passèrent arrivant dans la terre promise. C'est ici que Jésus vint de la Galilée pour être baptisé par Jean le Précurseur. Or, celui-ci s'en défendait en disant : « Seigneur, je devrais être baptisé par vous, et vous venez à moi! » Ce Jean révolutionnait la Judée; tous accouraient de Jérusalem pour l'entendre; il était vêtu de poils de chameau comme les Bédouins que nous avons rencontrés; il avait autour des reins une ceinture de cuir, et il vivait de sauterelles et de miel sauvage. En parlant de Jésus, il disait encore : « Il en vient après moi un autre qui est plus puissant que moi, et je ne suis pas digne de délier les cordons de ses souliers. »

C'est qu'ici les souvenirs bibliques abondent : ce misérable assemblage de huttes et de cabanes fut la grande Jéricho, qui tomba au bruit des trompettes de Josué, lequel arrêta le soleil dans sa course enflammée; la manne, nourriture céleste, est tombée tout près, à Galgala, pour la dernière fois; là était le sycomore où le publicain Zachée monta pour voir passer le grand prophète en Israël; plus loin c'est la fontaine d'Élisée; plus loin encore, barrant l'horizon, la montagne de la Quarantaine, où Jésus voulut être tenté par le démon après son long jeûne; et sur la route de Sion, ce sont les ruines de ce caravansérail où le bon Samaritain recueillit cet homme qui avait été si fort maltraité par les voleurs. C'est donc qu'il y avait déjà des Bédouins pillards dans ces temps reculés! Rien n'est encore changé de ce chef.

J'ai vécu pendant près d'une année dans un village appelé Djebel-Tour, qui domine la ville sainte. Que de fois, monté sur un cheval de race qui appartenait au vieux cheik de la localité, encastré dans la haute selle arabe, — car à cette

époque la selle européenne était un luxe inusité, — et les
pieds dans les larges étriers turcs, j'ai parcouru les monts
et les vallées de ce pays célèbre!

Souvent je m'acheminais vers Bethléhem, et, m'arrêtant à
mi-chemin, j'allais par les forêts d'oliviers de Bethjalla
rendre visite à un missionnaire français depuis longtemps
déjà en résidence en Palestine. Chaque fois il me ménageait
une nouvelle surprise. Il m'emmenait chez le curé grec qui
avait une si belle figure byzantine; celui-ci affirmait qu'il
voulait se faire catholique, et en signe d'amitié il nous posait
sur la tête ce chapeau pyramidal et si caractéristique des
prêtres de sa communion; toutes les cinq minutes il nous
fallait aussi avaler soit une tranche de concombre, soit un
verre de raki.

Un jour mon ami le missionnaire eut une grosse peur.
Un Grec, un gamin de quatorze ou quinze ans, avait jeté
son dévolu sur une jeune fille catholique presque fiancée
à un jeune homme aussi catholique. Il faut dire que le type
est souvent magnifique dans ces contrées; il est des visages
de femme incomparables. Le missionnaire, craignant qu'on
n'enlevât la jeune fille, se décida à neuf heures du soir à
la fiancer tout à fait pour conjurer le danger, et nous voilà
partis sans lanterne et sans lune, suivis de toute la paroisse
catholique; nous nous rendons dans une maison bâtie en
forme de caverne. De vrais troglodytes que ces gens-là! Je
vois encore mes Arabes assis en rond sur le tapis et causant
gravement de leurs affaires, après que la cérémonie se fut
accomplie très rapidement. C'était une absorption générale
et continuelle de figues, d'eau-de-vie, de café et de tabac.
Et mon ami et moi, assis dans l'embrasure d'une fenêtre
pour avoir un peu d'air, nous causions avec une vieille
Bédouine très bavarde, qui venait de Petra. Une Bédouine
catholique, c'est un comble! mais celle-ci, je vous assure,
qui grignotait là, en causant, son pain cuit sous la cendre,
comme au temps des Patriarches, était bien la meilleure
créature qu'on pût rencontrer dans l'Arabie Pétrée.

Ou bien j'allais vers Saint-Jean dans la montagne (*Aïn
Karim*); j'entrais sous le porche du monastère des fran-

ciscains, j'y attachais à un anneau ma fière cavale, je prenais part au dîner des moines, et j'assistais à leur office dans une stalle du chœur. Les franciscains de Jérusalem sont presque tous Italiens ; ceux d'Aïn-Karim sont Espagnols. Quelles figures ! quelles barbes ! quelles expressions ! quelles voix aussi ! Je n'avais pas besoin de beaucoup d'imagination pour me croire au fond de l'Estramadure ou des Castilles, revenu au temps de Charles-Quint ou de Philippe II.

Cette terre est le pays des couvents et des moines par excellence ; c'est à juste titre, on en conviendra. Ils montent une garde d'honneur autour du tombeau du Christ ; aussi bien le moment est venu, lecteurs, de vous conduire à l'église du Saint-Sépulcre, le palladium de la ville sainte.

Ce qu'on appelle le Saint-Sépulcre est comme une réunion d'églises et de chapelles abritées sous un vaste dôme entouré de toitures. Sous le dôme se trouve l'édicule rectangulaire qui renferme la grotte sainte et vénérable dans laquelle on déposa le corps de Jésus, quand on l'eut détaché de la croix élevée tout à côté sur la colline du Calvaire. Cette grotte est double ; c'est dans la partie du fond qu'on voit le tombeau proprement dit, sorte d'auge en pierre, surmontée d'une arcade taillée dans le roc, selon la coutume juive.

A Bethléhem, à deux lieues de là, sous le chœur de la basilique de Sainte-Hélène, on voit une autre grotte : sur le sol de celle-ci, une étoile d'argent avec une inscription dit que c'est en ce lieu que Jésus naquit. Ces deux endroits-là : le lieu de la naissance et le lieu de la mort et de la sépulture, sont certainement authentiques, ou bien il n'y a pas d'authenticité au monde pour quoi que ce soit. Depuis dix-huit cents ans on les a gardés avec un soin jaloux, et maintes fois le sang des gardiens s'est mêlé aux traces de sang laissées dans la pierre par celui qu'on gardait. On ne discute pas facilement les traditions orientales ; elles sont trop sérieuses.

L'intérieur du Saint-Sépulcre est magnifiquement orné de lampes d'argent ; à côté se trouve le chœur des Grecs, plus loin la chapelle franciscaine, puis l'église souterraine de l'invention de la croix, le lieu de l'apparition de Jésus à sa mère, le lieu de l'apparition à Marie Madeleine, la prison de Jésus, la chapelle arménienne de la division des vêtements, l'église abyssinienne de Sainte-Hélène, la pierre de l'onction, la chapelle de la Crucifixion, l'église du Calvaire.

La chapelle du Calvaire a été splendidement enrichie d'or et d'argent par les Grecs, qui s'en sont attribué la propriété au mépris de toute justice. Le trou de la croix, entouré de plaques de métal précieux, est sous l'autel; on voit à côté la fente miraculeuse du rocher.

Tous les jours, vers quatre heures du soir, les franciscains de terre sainte, qui ont un couvent dans l'intérieur de la basilique, font la procession aux divers sanctuaires; mais les personnes du dehors ne peuvent pas y assister tous les jours, car souvent la seule et unique porte d'entrée est close; elle est la propriété d'une famille turque qui n'ouvre qu'à prix d'or. Heureux celui qui peut assister à cette touchante procession, qui ne parcourt que les dernières stations du chemin de la croix! Heureux celui qui peut mêler sa voix aux voix mâles des religieux qui chantent :

> Ille qui clausus lapide
> Custoditur sub milite,
> Triumphans pompa nobili,
> Victor surgit de funere !

« Celui qui, enfermé sous la pierre, était gardé par les soldats, dans la pompe du triomphe, vainqueur sort du tombeau. »

Et les invocations touchantes à la Vierge mère :

Réjouis-toi, grande mer de larmes, celui que tu as vu expirer,
    Il est ressuscité comme il l'a dit !
Réjouis-toi, fleur à l'odeur de myrrhe, celui que tu as vu ensevelir,
    Il est ressuscité comme il l'a dit ! Alleluia !

Vous avez satisfait votre dévotion et peut-être versé quelques larmes au Saint-Sépulcre; je vous emmène maintenant par la voie douloureuse, faisant au rebours le chemin que suivit Jésus, au sortir du palais de Pilate en allant au

Calvaire. Vous passez sous la porte Judiciaire, qui autrefois
marquait l'enceinte de la ville, devant la maison de Véronique, qui essuya la face de Jésus. Madeleine, Véronique,
la Vierge, quelles douces et compatissantes figures autour
du grand martyr! Maintenant nous voici sous l'arc de pierre
de l'Ecce-Homo, à cheval sur la rue: cet arc appartenait au
palais du préfet romain Pilate, et c'est de là qu'il montra
au peuple celui qu'il venait de livrer au supplice de la fla-
gellation. Une petite église un peu plus loin a été élevée
sur le lieu du supplice; plus loin encore, un peu avant d'arriver à la porte de la ville, nous trouvons à notre droite la
piscine probatique, contre l'esplanade d'Omar, et à gauche,
l'église française de Sainte-Anne, sur l'emplacement où naquit
la Vierge Marie.

Où je vous conduis, notre grand poète va vous le dire :

> Il est au pied poudreux du jardin des Olives,
> Sous l'ombre des remparts où s'écroule Sion,
> Un lieu d'où le soleil écarte tout rayon,
> Où le Cédron doré filtre entre ses deux rives;
> Josaphat en sépulcre y creuse ses coteaux;
> Au lieu d'herbes, la terre y germe des ruines,
> Et des vieux troncs minés les traînantes racines
>   Fendent les pierres des tombeaux.
>
> Là s'ouvre entre deux rocs la grotte ténébreuse
> Où l'homme de douleurs vint savourer la mort,
> Quand réveillant trois fois l'amitié qui s'endort,
> il dit à ses amis: « Veillez, l'heure est affreuse! »
> La lèvre en frémissant croit encore étancher
> Sur le pavé sanglant les gouttes du calice,
> Et la moite sueur du fatal sacrifice
>   Sue encore aux flancs du rocher [1]!

Vous êtes dans la grotte de Gethsémani, où la Passion de
Jésus commença avec la sueur de sang, près du jardin où
Judas vint le livrer à ses ennemis.

Mais quoi! direz-vous, le poète qui pleure la mort de sa
fille Julia et vous-même vous ne parlez que de choses

---

[1] Lamartine.

Vue extérieure du Saint-Sépulcre.

funèbres, de ruines croulantes, de pierres amoncelées! Ah!
certes, tel est bien le cadre qui convient aux grands mystères accomplis sur cette terre sacrée; tel est bien son
caractère. Oui, il plane sur cette terre un souvenir de mort;
et tout entière, avec ses rocs calcinés et son aridité extraordinaire, elle paraît comme une vaste nécropole, comme
un tombeau immense, et le Saint-Sépulcre va s'élargissant
jusqu'aux confins de cette triste Judée. Pourtant Dieu a
voulu que la province voisine, qui fut aussi l'asile du Dieu-
Homme pendant les douces années de son enfance et de sa
jeunesse, fût revêtue d'un autre caractère. La Galilée est
riante d'aspect, Nazareth veut dire ville des fleurs; et autant
Sion paraît vieille et désolée, couverte de rides et de cheveux blancs, autant les bourgades de Caïffa et de Tibériade
semblent jeunes et vaillantes, étalant leurs grâces enfan-
tines au bord de l'eau toujours bleue ou parmi les orangers
éternellement verts.

Il faut donc, après avoir visité Sion, courir à ces autres
lieux saints et sanctifiés par Jésus,

> Où les pauvres jetaient des palmes sous ses pieds,
> Où le Verbe à sa voix se faisait reconnaître,
> Où l'hosannah courait sous ses pas triomphants,
> Où sa main qu'arrosaient les pleurs des saintes femmes,
> Essuyant de son front la sueur et les flammes,
>   Caressait les petits enfants.

On contemplera rarement ailleurs un panorama aussi
beau que celui qu'on peut voir du haut de la terrasse du
couvent du Carmel, surtout quand, au mois de mars, les
montagnes sont couvertes de tulipes et d'anémones exha-
lant les plus douces odeurs; aussi Salomon dit-il à l'Épouse
des Cantiques : « Votre tète est comme le mont Carmel, et
vos cheveux sont comme la pourpre du roi. » Il n'a pas
trouvé de terme de comparaison plus éloquent, ce sage et
ce poète qui fréquentait les princesses de Tyr et d'Égypte
et les reines qui venaient du fond du noir continent.

En face de vous l'immensité de la Méditerranée aux flots
azurés, sillonnée de blanches voiles; à vos pieds Caïffa et

ses couronnes de palmiers; à droite, Saint-Jean-d'Acre,
célèbre dans l'histoire des sièges et qui rappelle les noms
fameux de Richard Cœur-de-Lion et de Bonaparte; au-
dessus, dans le lointain, les montagnes du Liban, couvertes
de neige; à gauche, Césarée de Palestine, la tour de Straton
et Castel-Pelegrini.

A Nazareth, on vous montrera l'emplacement de la maison de Marie et de Joseph; vous passez près d'une fontaine
appelée *Fontaine de la Vierge;* des femmes vous croisent:
elles ont sur la tête et les épaules le voile biblique, et elles
portent de grandes amphores pleines d'eau. C'est Rebecca!
c'est Lia! c'est Rachel! Et Marie devait leur ressembler
quand elle venait ici pour les besoins du ménage.

Vous irez aussi au Thabor, « qui s'élève vers le ciel, a dit
un illustre voyageur, comme un autel sublime, resplen-
dissant de gloire, fondé par l'Éternel pour la manifestation
de son Fils. » L'immense plaine d'Esdrelon est à vos pieds,
et vous apercevez de tous côtés, dans le lointain, des pics
célèbres, les chaînes de Juda et d'Ephraïm, les hauteurs du
Carmel et du Liban, le lac de Tibériade, qui brille au soleil
comme le miroir de la mer Morte vu du mont des Oliviers,
Naïm, Sunam, Endor, le Cison; le lieu de la victoire de
Débora; celui qui rappelle aussi la gloire des armées françaises, car où les Français ne se sont-ils pas battus? Kléber
et Bonaparte, avec trois mille hommes, mirent ici en fuite
trente mille Turcs; c'est la bataille du Mont-Thabor.

Enfin, vous irez à Tibériade voir le lac de la pêche miraculeuse et les rives où le Maître se promenait avec les
Douze et où il interpellait tendrement Pierre en lui demandant : « Simon, fils de Jean, m'aimes-tu? Pais mes agneaux,
pais mes brebis! » Et vous monterez sur la colline voisine où Jésus multiplia les pains pour nourrir le peuple
qui l'avait suivi au désert, suspendu à ses lèvres et disant :
« Jamais homme n'a parlé comme cet homme! » Vous
n'aurez garde non plus de ne pas voir cette autre montagne où le divin prédicateur qui apportait au monde tant
d'idées nouvelles, s'écriait : « Bienheureux les pauvres!
Bienheureux les doux! Bienheureux ceux qui pleurent! »

Saint - Jean - d'Acre.

Quand je vins en Galilée pour la première fois, il y a vingt ans, je n'y trouvai qu'un Français, un religieux du mont Carmel; à Nazareth, je fis une visite aux Dames françaises de Nazareth, — c'est leur nom, — d'excellentes religieuses qui dirigent une école normale d'où sortent presque toutes les maîtresses d'école de la Palestine. A Jérusalem, je ne crois pas qu'on pût alors y rencontrer dix compatriotes, et les seules maisons catholiques étaient celles du Patriarcat latin, des franciscains de terre sainte, des sœurs de Saint-Joseph, des carmélites et des Dames de Sion, qui faisaient dans leur beau pensionnat l'éducation des jeunes filles de bonnes maisons, celles du pacha entre autres. Les temps sont bien changés : maintenant, il y a en outre dans la vieille Sion des frères des écoles chrétiennes, des trappistes, des pères de Sion, qui ont une école professionnelle, des assomptionnistes à l'hospice de Notre-Dame de France, des dominicains, qui, sur l'emplacement du martyre de saint Étienne, ont une école d'études bibliques, des pères d'Alger, qui, à Sainte-Anne, ont un séminaire oriental, des sœurs de Saint-Vincent-de-Paul et des clarisses.

Or, parmi toute cette floraison, dans ce jardin multicolore, c'est la fleur aux couleurs de France qui domine. Notre pays est bien représenté à Sion; la France s'est souvenue qu'elle est la protectrice des lieux saints. Et ce n'est pas seulement quand son représentant attitré s'avance par les rues, le grand cordon du Saint-Sépulcre en sautoir, précédé de quatre cawas qui frappent le pavé de leurs lourdes cannes; c'est quand aussi le consul général de France laisse tomber dans une réunion des paroles comme celles-ci :

« O France, nous t'aimons sous tous tes aspects! Si nous nous réjouissons de te voir toujours jeune, attrayante et gracieuse, nous te voulons aussi forte, grande et belle!

« Forte, pour que tu mettes ta puissance au service du droit, du faible et de l'opprimé. Grande, parce que nous soupirons après la reconstitution de ton territoire mutilé.

Belle, parce que tes enfants sont le peuple de prédilection de Dieu, et que, depuis Clovis jusqu'à ce jour, la Providence s'est servie de toi pour accomplir ses desseins : *Gesta Dei per Francos* [1] »

---

[1] Allocution prononcée à Jérusalem, le 23 mai 1892, à l'institut Saint-Pierre-de-Sion.

CHAM

L'AFRIQUE ÉQUATORIALE

« L'Afrique est la patrie maudite de Cham, » disait
Edgar Quinet, et, de son temps, on ne s'en souciait
guère. Si le célèbre publiciste vivait encore, que dirait-il en
voyant aujourd'hui tout le monde s'en occuper? C'est une
fièvre. Il y a une maladie de ce nom qui saisit violemment
l'Européen dans les forêts d'Afrique en lui infligeant toutes
les tortures de l'enfer; il y a aujourd'hui une autre fièvre
d'Afrique : c'est la préoccupation universelle et constante
des esprits au sujet du fameux continent noir, du continent
mystérieux. On veut que ce siècle, avant d'expirer, déchire
le voile qui nous cachait le mystère; il l'a déjà déchiré...

Le temps n'est plus où l'on plaçait sous les yeux des éco-
liers, petits et grands, une carte quelconque, avec différentes parties teintées de diverses couleurs, tout sur les
bords, et où on leur disait : « Ceci c'est l'Algérie, ça le
Maroc, là-bas l'Égypte, puis le Nil, dont les sources se
perdent dans l'intérieur, l'Abyssinie; plus bas, le Mozambique des Portugais, avec le Zambèze; tout en bas, la
colonie du Cap, aux Anglais; en remontant, la Cafrerie, la
Hottentotie, le Congo portugais, le Gabon, la Côte des

9*

Esclaves, la Guinée, le fleuve Niger, la Sénégambie avec le Sénégal; quelques îles par-ci, par-là : celles du Cap-Vert, Sainte-Hélène, les Canaries, Madère, la grande Madagascar, et puis c'est tout. Vous voyez bien ce grand espace blanc, où il n'y a aucune indication et qui tient tout le centre; c'est plus grand que l'Europe, cinq fois, dix fois; cela c'est le Sahara, le Soudan et puis la région du haut Nil et du haut Congo. On ne sait ce qu'il y a là. »

Or maintenant on le sait; on l'a vu, et ce qu'on n'a pas vu, on le devine.

I

Les gens et les choses.

En 1893, nous savons que l'Afrique est un vaste et intéressant pays, peuplé, en grande majorité, par des hommes de couleur noire; un pays où la chaleur est très forte, en raison de sa position sous l'Équateur et aux environs; où les cours d'eau, très abondants, ont parfois plusieurs lieues de large; où la faune et la flore sont d'une richesse prodigieuse : la faune comprenant des animaux de toutes sortes, dont quelques-uns monstrueux; la flore, des plantes d'une variété et d'une valeur inappréciables et une végétation gigantesque. Voilà l'Afrique, un pays qui flambe sous le soleil; pays à la terre vierge et riche, le pays de l'or, le pays des diamants, le pays du fer, le pays de l'ivoire, le pays du caoutchouc, le pays de l'herbe, le pays des épices, le pays des grandes chasses, le pays de l'avenir!

Aussi, les Européens, qui ont eu la révélation de ces choses, se sont-ils hâtés de prendre une connaissance plus approfondie de cette terre et ont-ils voulu se l'approprier le plus vite qu'ils ont pu. Il n'y a pas vingt ans que l'on commence à connaître l'Afrique et déjà les puissances se la sont partagée, sans pouvoir, bien entendu, s'assigner mutuellement des limites et des frontières précises. Cela viendra plus tard; pour le moment, quand on s'éloigne trop des côtes, on dit : « Pays d'influence française, pays d'influence allemande, etc. »

Donc, on connaît l'Afrique désormais, et la géographie africaine est bien plus compliquée que dans le bon vieux temps de notre jeunesse; au tableau que j'ai tracé tout à l'heure, — celui qui nous suffisait, — il faut ajouter bien des coups de pinceau. Et savez-vous, sur la carte, ce qui restera en blanc comme la marque du désert, le désert d'autrefois? — le Sahara et le Soudan, ces deux pays seulement, les pays concédés à la France par suite de l'accord anglo-français du 12 août 1890, concernant Zanzibar, Madagascar et les bassins du Niger et du lac Tchad.

On a dit que la France était bien mal partagée. Soit, mais elle ne pouvait guère être partagée autrement; nous possédons, en Afrique, l'Algérie, la Tunisie, le Sénégal, la Guinée, le Soudan français, Porto-Novo et le Congo en partie. Pour relier toutes ces possessions, nous devons avoir les routes du Sahara, — des routes qui seront bientôt des chemins de fer, espérons-le! — et, dans le Sahara même, pays de chaleur sèche et salubre, bien des régions ne demandent qu'à être mises en valeur par les colons qui viendront s'y fixer.

Maintenant, il y a l'Afrique qui n'est pas à nous du tout et qui est aux autres. Oh! ils ont pris la bonne part! L'Égypte est aux Anglais; les Italiens convoitent la Tripolitaine; ils ont l'Abyssinie à peu près. Les Anglais ont pris le Soudan, puis Zanzibar. Pas n'est besoin de dire qu'ils se sont taillé, au nord de l'immense colonie du Cap, un fameux territoire qui va jusqu'au Zambèze. Là, ils se trouvent en face de ce petit peuple du Portugal, qui n'oublie pas ses vieilles traditions de colonisation; lui, il a ou il veut tout le centre-sud, depuis Loanda et Benguela jusqu'à Quilimane et Mozambique. Bragance tient bon devant le lion britannique et la bataille n'est pas finie.

Et les Allemands? D'abord, ils ne voulaient rien, et puis, piqués par la tarentule, ils ont décidé qu'ils seraient, avec nos milliards, une puissance maritime. Et, pour envoyer leurs navires quelque part, ils ont demandé ou pris le Cameroun, au-dessus de notre Congo, le sud-ouest africain au-dessus du Cap et toute l'Afrique, depuis Zanzibar jusqu'aux grands Lacs. Rien que cela!

Mais la partie vraiment centrale, me direz-vous; celle qui s'étend du littoral de l'Atlantique jusqu'aux grands lacs? J'y arrive. Celle-là forme un immense empire qu'on nomme l'État indépendant du Congo, et dont le souverain est, à l'heure qu'il est, Léopold II, roi des Belges. C'est comme un gros, très gros tampon entre les puissances. Combien de temps durera le tampon? c'est ce que nul ne peut dire. On ne connaît même pas la nature et la confection de ce tampon. Il n'est pas fait d'étoupe, voilà tout ce qu'on en sait; je le crois plutôt fait d'or et d'ivoire. C'est le Congo qui est l'avenir; c'est le Congo qui fera plus tard la richesse de la vieille Europe.

Nous nous occuperons surtout de la partie centrale et équatoriale de l'Afrique, par conséquent du Congo et des pays circonvoisins.

Le Congo prend son nom du fameux fleuve qui traverse l'État; ce fleuve, mes chers lecteurs, a quatre mille huit cent cinquante-six kilomètres (4,856) de longueur, de sa source à son embouchure. La source est aux monts Chibalé, là-bas, bien loin, près du grand lac Nyassa, à l'est; l'embouchure est à l'ouest, à Banane, au-dessous de nos possessions.

Je n'abuserai jamais des chiffres, parce qu'ils sont fastidieux, mais vous m'accorderez qu'il fallait vous donner celui-là. Le fleuve africain est une fois et demie plus long et neuf fois plus large que le Mississipi chanté par nos pères, et en particulier par l'immortel Chateaubriand sous le nom poétique de Meschacebé. Encore un chiffre pour finir : il déverse dans l'Atlantique, durant la saison des pluies, deux millions cinq cent trente mille pieds cubes d'eau (2,530,000) par seconde. Quand il passe à travers le

Le Congo.

Mouero, il a cent sept kilomètres de large et, à travers le lac Banguelo, trois cent cinquante-deux kilomètres.

Ce gigantesque ruban d'eau, coulant sur un plan d'une déclivité faiblement accentuée, rencontre sur sa route deux escaliers de titans, au bas desquels il se précipite pour reprendre sa marche imposante à travers les hautes herbes et les forêts vierges; et il laisse derrière lui, comme marque de sa force souveraine, deux longues séries de chutes : celles de Stanley et celles de Livingstone.

La terre des rives, noyée dans le soleil et dans l'eau, ploie sous une végétation luxuriante, folle, incessante; les humus s'accumulent, les herbes s'amoncellent, les lianes s'enfoncent dans cette boue féconde, les arbres s'affaissent et pourrissent sur place; et sous le manteau impénétrable d'éternelle verdure qui renaît sans repos de ces débris accumulés, le fleuve roule, roule toujours et sans cesse dans une majesté que rien n'égale et dans un silence qui fait peur.

Cela, mes lecteurs, c'est l'Afrique inconnue jusqu'ici, et si je vous dis qu'à l'est vous avez les régions montagneuses, le pays des lacs (le Nyanza, le Tanganika et le Nyassa) et puis les grandes plaines qui conduisent du côté de l'Océan indien, vous saurez tout.

Il faudrait le pinceau d'un Cameron pour faire le tableau des rives du Tanganika, par exemple : « Sur la rive orientale, dit-il, une végétation épaisse d'un vert éclatant, avec çà et là des clairières où apparaissent des grèves au sable jaune et de petites falaises d'un rouge vif. Des bouquets de palmiers et des villages arrivent au bord de l'eau. Tout cela mêlé au vert éclatant et varié du feuillage, au bleu des eaux, forme un ensemble de couleurs qui, à la description, paraît criard, mais qui, dans la réalité, est d'une harmonie suprême. Des oiseaux d'espèces diverses rasent la surface du lac : mouettes blanches et grises à bec rouge, anhinngas au long cou, au plumage noir, alcyons gris et blancs, balbuzards à tête blanche, des plongeons, des martins-pêcheurs. Et, de temps à autre, le renâclement d'un hippopotame, une longue échine de crocodile ressemblant à la crête d'un roc à demi découvert par la marée, ou le saut d'un poisson annoncent que les eaux et les airs sont abondamment peuplés [1]. »

Quels sont les hommes qui habitent ces contrées si intéressantes et si nouvelles pour nous?

Tout le long du Congo, nous trouvons de nombreux villages, de nombreuses tribus; mais nous pouvons les rapporter tous et toutes à deux ou trois races.

Si on voulait classifier les habitants de l'Afrique centrale au moyen de la langue qu'ils parlent, cela serait très difficile; cependant, on peut dire que la langue *kissahouéli* est parlée et comprise jusqu'à cinq cents lieues au moins dans l'intérieur et dans la partie orientale. Sur les rives du Congo, on parle le *fiote*, une branche de la langue mère africaine dite *bantou*. C'est une langue agglutinante, dont les mots se forment en joignant à une racine des affixes et des suffixes. Les missionnaires protestants anglais sont parvenus à faire un vocabulaire de trois mille mots. Langue très riche du reste, puisqu'ils ont trouvé plus de vingt noms pour désigner une classe de petits rongeurs des champs qu'on croyait ne former d'abord qu'une seule espèce.

J'étonnerai beaucoup mes lecteurs quand je leur parlerai de la beauté du type nègre dans l'Afrique équatoriale. C'est que nous sommes trop habitués, en France, à voir les nègres et négresses de races dégénérées, qui nous arrivent de nos colonies de Bourbon, de la Martinique ou d'ailleurs, et qui, n'étaient leur parfaite bonhomie et leur franche naïveté, pourraient servir d'épouvantail aux oiseaux et aux petits enfants qui se conduisent mal.

« A part la chevelure et la couleur de la peau, dit Stanley, la reine Gankabi n'avait rien du type nègre. Dessinez un portrait de miss Washington, colorez-le d'une teinte bronzée, ornez la tête de cheveux courts et crêpés, et vous aurez sous les yeux le portrait de Gankabi. Si c'est un portrait en pied que vous esquissez, représentez une stature de un mètre soixante-dix centimètres, des épaules carrées, des lignes pleines, le tout couvert d'un ample manteau d'herbes sèches, sauf le buste et les pieds; n'ajoutez aucun autre

---

[1] *A travers l'Afrique.*

ornement, à l'exception d'un bracelet de cuivre entourant le poignet; voilà l'image vivante de la reine [1]. »

Autre part et toujours du même explorateur dans son dernier voyage : « C'est ici que je vis mon premier échantillon de la tribu des nains. Une jeune fille d'environ dix-sept ans, mesurant quatre-vingt-quatre centimètres de hauteur et parfaitement modelée, à peau luisante et fine. Elle

Une réception chez Mtésa.

ne manquait pas d'une certaine grâce, sa physionomie était fort avenante. Je lui trouvai l'air d'une jolie femme de couleur en miniature; elle avait le teint d'une quarteronne ou, si l'on préfère, de l'ivoire jaune. Ses yeux étaient magnifiques, mais démesurément grands pour une aussi petite créature, presque autant que ceux d'une gazelle, gros, saillants et très vifs. La demoiselle, habituée sans doute à se voir admirer, paraissait ravie de notre curiosité [2]. »

[1] *A travers le continent mystérieux.*
[2] *Dans les ténèbres de l'Afrique.*

Les hommes, maintenant : « Mtésa est de grande taille; il doit avoir six pieds un pouce (un mètre quatre-vingt-cinq). Il est svelte, a la peau d'un brun rouge et d'une finesse merveilleuse. Sa figure respire l'intelligence; ses traits, qui sont agréables, m'ont rappelé ceux des colosses de Thèbes et des statues qu'on voit au musée du Caire. C'est la même plénitude de lèvre, mais relevée par l'expression du visage, à la fois affable et digne, et par l'étrange beauté de grands yeux étincelants et doux [1]. »

Un autre enfin : « C'est un grand jour pour moi que celui où j'ai vu Mirammbo. C'est un gentleman africain : il a trente-cinq ans environ, il est grand sans une once de chair superflue; son visage est beau, ses traits sont réguliers. Il a la voix douce, la parole grave, sans un geste; on le dit très généreux. Sa tenue est digne, sans la moindre prétention; il a l'air complètement inoffensif; le calme et l'autorité du regard annoncent seuls le génie napoléonien qu'il a déployé pendant cinq ans [2]. »

Livingston, Cameron et Serpa Pinto manifestèrent plusieurs fois leur surprise à la vue de ces peuplades de l'intérieur, qui leur offraient une perfection de formes inimaginable. S'ils n'étaient pas noirs, ces hommes et ces femmes seraient des types de beauté, et l'un d'eux s'écrie que les femmes de l'Europe pâliraient de jalousie devant certaines négresses qu'il a rencontrées. Voilà assurément, n'est-ce pas? une chose à laquelle nous ne nous attendions guère.

Et ces gens-là sont très intelligents, très adroits, très polis même. Car ils ont un code d'urbanité à eux et une organisation administrative, judiciaire, commerciale. Ils sont industrieux, ils cultivent parfaitement leurs terres, ils se tissent des vêtements d'écorce, ils se fabriquent des armes, ils sont élégants, coquets; l'art de la coiffure et du tatouage, par exemple, est leur triomphe.

Ainsi, au Manyema, à l'ouest du lac Tanganika, les femmes, qui sont très jolies, d'après Cameron, ont une

---

[1] *A travers le continent mystérieux.*
[2] *Ibid.*

partie de leurs cheveux arrangée de façon à représenter la
passe de ces anciens chapeaux qui ombrageaient la figure
et que soutient une légère armature de cannes, puis elles
laissent flotter le reste en longues boucles sur leurs épaules.
Quelques-unes, méprisant le chapeau ou plus confiantes en
leur beauté, rejettent leur chevelure en arrière, la nouent
sur la nuque, s'en font des nattes qu'elles laissent pendre.
Toutes nos dames probablement n'en pourraient faire
autant.

Seulement les points de vue varient avec les individus et
les climats : le comble de l'élégance est de se verser des
pots de beurre sur la tête; le comble de la laideur est la
couleur blanche; le comble de la gourmandise est de manger un morceau de son prochain, et le reste à l'avenant. On
n'est pas nègre pour rien, après tout...

Ces noirs habitent des villages dissimulés dans la jungle
ou les hautes herbes et fortifiés par des barrières et de
grands abattis d'arbres. Leurs maisons sont des huttes en
bois ou de branchages, recouvertes d'écorce ou de feuillages
sur lesquels on étend souvent une couche d'argile. A l'intérieur, deux pièces : l'une sert de bergerie pour les chèvres
et les poules, l'autre est l'habitation proprement dite. Dans
le fond, un lit garni de peaux et d'herbages; dans les coins,
des coffres pour serrer les pièces de cotonnade qui sont la
monnaie de tout le pays africain. Au mur les armes et le
tambour de danse. Suspendues au plafond, des patates, des
bananes, des racines de manioc, des calebasses contenant le
vin de palmier et les provisions. Au milieu, le foyer : trois
cônes d'argile qui portent la marmite dans laquelle on fera
cuire la bouillie de maïs ou de manioc et les légumes :
patates ou arachides.

Au centre du village il y a presque toujours une vaste
case ou un hangar, qui est comme la maison commune, où
les réunions ont lieu et où, sous la présidence du chef, on
entend les discours des orateurs publics; les noirs adorent
parler devant la foule. De temples point, si ce n'est une
petite case à toit bas où sont exposées quelques idoles ou
amulettes informes : ce sont les fétiches de ces pauvres popu-

lations, dont les croyances religieuses sont très restreintes et qui n'ont d'autres prêtres que leurs sorciers, des hommes rusés et souvent cruels, qui ont presque sur eux droit de vie et de mort.

Voilà en quelques mots une esquisse de l'Afrique équatoriale. Le tableau varie peu, moralement parlant, et le nègre se retrouve toujours à peu près, d'un bout à l'autre du pays, avec les caractéristiques que nous venons d'énumérer. Mais il y a autre chose que l'homme en Afrique; il y a les productions des différents règnes animal, végétal et minéral. Il faudrait des volumes pour décrire ces mondes et ces merveilles.

Quelle idée n'a-t-on pas d'une contrée où les forêts, les lacs et les fleuves sont peuplés d'animaux énormes, monstrueux, puissants!

Ici les éléphants s'avancent à travers bois, broyant tout sur leur passage; là les lions et les léopards s'en vont en chasse, mettant en fuite devant eux d'innombrables troupeaux de singes, d'antilopes, de zèbres et de gazelles; les buffles et les rhinocéros se précipitent tête baissée contre les caravanes marchant dans l'étroit sentier de la plaine. Et si l'homme, faible créature en face de ces monstres dévorants, ne déploie pas toutes les ressources de la prudence, tout à l'heure en traversant ce cours d'eau, l'affreux crocodile le happera au passage ou l'hippopotame renversera d'un coup de tête sa fragile embarcation. Malheur à lui aussi s'il réveille ces milliers de reptiles suspendus aux arbres comme de hideuses lianes et se cachant dans la brousse! Malheur à lui s'il dérange ces légions de fourmis rouges ou noires qui remplissent les campagnes, construisant des maisons de terre glaise qui ont jusqu'à cinq et six mètres de haut!

Mais pendant que tous ces animaux s'agitent, répandant partout une vie intense, animant la nature jusque dans ses profondeurs, une autre vie se fait sentir à côté de la première, une vie massive elle aussi, colossale, mais paisible, silencieuse et pourtant majestueuse et solennelle : la vie végétale.

Voici l'élaïs ou palmier à huile, la grande culture de

Une nuit équatoriale.

l'avenir; le borassus, le cocotier; leurs superbes touffes de
verdure, qui dominent orgueilleusement les productions
d'alentour, étalent au plein soleil du jour leurs grandes
feuilles d'un vert sombre, que le vent du soir agite lan-
guissamment comme des éventails.

Voici l'arbre à pain, l'arbre à beurre. Voici le géant des
végétaux, le baobab, le plus ancien et le plus colossal des
monuments organiques de notre planète : il tient parmi les
arbres la place de l'éléphant parmi les animaux; il a été le
témoin antique des déluges et des révolutions du globe; il
atteint quelquefois un développement circulaire de vingt
mètres!

Voici le bananier avec ses grandes feuilles ployées en
forme de voiles de navire : l'arbre de la science, du bien
et du mal, a-t-on dit; la providence nourricière des tribus
africaines.

Voici la liane caoutchouc, le boa végétal des grandes
forêts, se traînant sur le sol, courant par bonds énormes à
travers les sentiers des fauves, contournant les rochers, enla-
çant les grands arbres, jetant des ponts d'une rive à l'autre
des cours d'eau, s'enchevêtrant dans le réseau des racines
et des broussailles.

Voici l'arbre acajou, le kola, — la noix précieuse, — le
papayer qui est comme un énorme cierge, l'arbre à copal
qui donne la gomme, le cotonnier, la canne à sucre, le
manguier aux beaux fruits, le caféier, la plante de tabac.
Tout cela s'agite silencieusement, croît, vit, monte; c'est
une fécondité prodigieuse.

Mettez le feu aux grandes herbes de trois mètres de haut,
incendiez la forêt; vous avez d'admirables emplacements
pour la culture du manioc, du maïs, du sorgho, des patates,
des arachides ou pistaches.

Mais la forêt, la forêt africaine! qui redira ses splendeurs?
Qui comprendra, dans notre froide Europe, la mystérieuse
colonnade des bois obscurs, les *taxus,* arbres qui s'élancent
jusqu'à une hauteur de cinquante-quatre mètres, les câbles
de lianes épais de quarante centimètres, les touffes d'or-
chidées et de fougères, les plantes sarmenteuses ensevelies

dans le feuillage? Et ces fleurs éblouissantes, ces corolles rouges et jaunes, ces choux géants, ces amones neigeuses, ces grappes violettes, ces clochettes, ces thyrses, ces houppes dorées! Fouillis de tiges, de troncs, de ramures et de feuilles, voilà la forêt vierge du Congo.

Et sur nos têtes, dans la coupole épaisse de verdure, gambadent des milliers de singes et jacassent des armées de perroquets, ibis, perruches, oiseaux-soleils, tandis que les aigles, çà et là perchés sur une branche énorme, fouillent l'horizon d'un regard perçant.

C'est sur les bords d'un grand lac; la nuit est tombée... On entrevoit au-dessus des masses de verdure de la forêt prochaine, le long de la rive escarpée, les falaises à pic d'où les cascades tombent en gémissant. Le grand concert des fauves commence; le rugissement puissant du lion le domine, et les hiboux jettent leur cri mélancolique à travers les espaces... Où sommes-nous? Est-ce dans un monde inconnu? Est-ce encore la petite planète qui nous porte? Tout est si différent de ce que nous savons, de ce que nous voyons!...

Oui, c'est la terre, la terre promise, Français! la terre qui contient les trésors végétaux, la terre qui recèle en ses flancs les richesses minérales : le pétrole, le marbre, la houille, le fer, le cuivre, l'or; la terre qui prépare un sang nouveau à nos générations qui meurent d'anémie.

Et il faut nous dépêcher de le demander à cette terre, car nous arriverons peut-être trop tard. Or, un célèbre économiste nous l'a dit : « Dans cent ans la France sera une grande puissance africaine, ou une puissance de second ordre, quelque chose comme la Grèce ou la Bulgarie en Europe. »

II

Explorateurs et missionnaires.

Si nous connaissons l'Afrique intérieure, c'est par les explorateurs et les missionnaires. Honneur à eux! C'est au prix des plus grands sacrifices, c'est grâce à leur indomptable énergie, à leur esprit de foi ou à leur ardent patriotisme qu'ils ont accompli l'acte héroïque de la grande traversée. Ces hommes, on les compte facilement; ils forment une toute petite phalange; leurs noms sont dignes d'être inscrits en lettres d'or dans les annales des nations civilisées. Leur but était grand, pur et noble : c'était l'évangélisation des pauvres sauvages, l'accroissement du patrimoine national, l'abolition de l'affreux esclavage, qui est la plaie de l'Afrique centrale.

D'abord les explorateurs, ceux qui ont traversé le continent noir de part en part [1] :

Les Portugais Honorato da Costa, Francesco Coïmbra, Silva Porto;

L'illustre Livingstone, explorateur anglais et tendre missionnaire;

L'Allemand Gerhard Rohlfs, le lieutenant anglais Cameron, l'Américain Stanley, le major portugais Serpa Pinto, les Italiens Matteuci et Massari, le lieutenant allemand Wissmann, le missionnaire écossais Arnat, les Portugais Capello et Ivens, le lieutenant suédois Gleerup, l'Autrichien Oscar Lenz, enfin le capitaine français Trivier.

L'Afrique a donc été traversée seize fois; les Portugais, — il faut leur rendre cette justice, — tiennent la tête ici

---

[1] Nous ne traitons pas du Soudan : sans cela, nous aurions des noms glorieux à citer, et ce serait des noms français : Binger, Monteil, Mizon et tant d'autres.

16

comme nombre et comme ancienneté; ils ont exécuté cinq traversées, et quelques-uns, — ce que l'on concevra à peine, — ont mis pour faire ce voyage dix ans; dix ans de leur vie d'homme!

A coup sûr, le plus sympathique des voyageurs africains est le docteur Livingstone. Raconter sa vie serait trop long; elle peut se résumer en deux mots : il avait adopté l'Afrique, qui était pour lui comme une seconde patrie; il voulait civiliser et évangéliser les pauvres noirs, qui tous, à cause de sa droiture et de sa bienveillance, subissaient son ascendant, le respectaient et l'aimaient. De plus, Livingstone ne négligeait pas les travaux scientifiques, et il savait ce qu'on attendait de lui en Europe sous ce rapport.

« Je le vis, je l'écoutai, dit Stanley; j'avais vu des révoltes, des guerres, des massacres; jamais rien ne m'avait ému autant que les misères et les déceptions dont le simple récit était fait par cet homme [1]. »

En 1866, Livingstone partit de Zanzibar pour venir au Londa, le royaume de Cazembé. Celui-ci le fit interroger par un chef, qui rédigea aussitôt son rapport : « L'homme blanc était venu dans le pays pour étudier les ruisseaux, les rivières et les lacs. On ne pouvait guère deviner quel intérêt avait l'homme blanc à connaître des eaux étrangères, mais enfin on ne doutait pas de ses louables intentions. »

Livingstone cherchait les sources du Nil; il arriva au bord d'un lac immense; il avait trouvé le Tanganika. Il trouva ensuite le lac Moéro, en s'éloignant du Tanganika, à l'ouest, puis une rivière appelée Louapala, qui sortait d'un autre lac appelé Bangouélo, traversé par le Chambézi. Tout cela, ce n'était pas le Nil, mais c'était le Congo.

C'est lui qui, le premier de tous les blancs, a paru aux yeux de populations étonnées, qui n'avaient jamais vu de blancs et ne se doutaient pas même de leur existence, de populations qui se chiffrent par millions. C'est le docteur qui a étudié ces hommes, leur organisation, leurs industries, — ils sont habiles armuriers, tisseurs adroits, — leurs

---

[1] *Comment j'ai retrouvé Livingstone.*

productions, la quantité fabuleuse d'ivoire amassée chez eux, leurs mines de cuivre, leurs sables aurifères. Dans ce pays, les femmes sont jolies; excepté leur chevelure, elles n'ont rien du type nègre, leur couleur est très claire, leur peau n'est pas plus brune que celle des Portugaises ou des quarteronnes de la Louisiane; elles ont le nez bien fait, les yeux superbes, les lèvres petites, les dents non saillantes.

Livingstone mourut victime de son dévouement, après une attaque de dysenterie, le 1er mai 1873, au village de Tchitammbo, pays d'Ilala, au sud du lac Bangouélo. On le trouva mort agenouillé près de son lit. Un pleureur de profession, qui arriva pendant que les fidèles serviteurs du grand homme l'embaumaient pour le transporter à la côte, prononça cette singulière oraison funèbre : « Aujourd'hui est mort l'Anglais, qui avait des cheveux si différents des nôtres; venez tous à la ronde voir l'Anglais! »

> Lélo koua Ennghérésé
> Mouana sisi oa kônnda
> Tou kamb' samb' Ennghérésé !

C'est au mois de février 1874 que la dépouille du docteur, portée par ses fidèles serviteurs Souzi et Chouma, arriva à Zanzibar.

Quand le touriste se promène au milieu des splendeurs de la célèbre abbaye de Westminster, à Londres, et qu'il admire tour à tour les tombes des rois et des grands citoyens qui ont illustré la Grande-Bretagne, il arrive bientôt au milieu de la grande nef, et ses yeux sont attirés par une large pierre où il lit l'inscription suivante :

« Rapporté par des mains fidèles sur terre et sur mer, ici repose D. Livingstone, missionnaire, voyageur, philanthrope, né le 19 mars 1813, à Blantyre, comté de Lanark, mort le 1er mai 1873, à Ilala. Pendant trente ans, sa vie fut dépensée en infatigables efforts pour évangéliser les naturels, explorer les contrées inconnues, abolir le commerce d'esclaves qui désole l'Afrique centrale, où parmi ses dernières paroles il écrivit : « Puissent les bienfaits célestes

« descendre sur quiconque, Américain, Anglais ou Turc,
« aidera à guérir cette plaie saignante du monde! »

De Stanley, on peut dire qu'il a parcouru l'Afrique centrale un peu dans tous les sens. Cet homme nous apparaît
comme le type de l'énergie et du courage à toute épreuve.
Américain d'origine anglaise, il a toute la ténacité de race
et toutes les audaces de son pays. Il se dispose à partir du
côté des grandes Indes, quand il reçoit un jour un télé-
gramme de M. G. Bennett, directeur du *New-York Herald,*
le priant de venir le trouver à Paris; il y va. « Monsieur
Stanley, lui dit le journaliste millionnaire, voulez-vous aller
en Afrique chercher Livingstone?— Mais oui, si vous le dési-
rez. — Tout de suite? — Tout de suite. » Et il part. Il est
vrai qu'il connaissait déjà l'Afrique.

Stanley, lui, voyage avec de grandes caravanes et tout
l'attirail moderne du savant et de l'explorateur, toutes les
ressources dont on peut disposer à notre époque. Il marche
droit devant lui, emportant à travers les jungles, les forêts,
les cours d'eau, les montagnes, des caisses, des ballots, des
bateaux divisés en sections, des armes perfectionnées, des
mitrailleuses. La canne à la main, ayant à sa droite un garçon qui porte sa carabine, un autre l'étendard étoilé des
États-Unis, il va au but, peu scrupuleux sur le choix des
moyens, sans souci des obstacles, et, comme l'éléphant
des forêts africaines, cassant, brisant tout, faisant des
trouées partout; il faut qu'il arrive; il arrivera. Cet homme
est de fer; de plus, il est heureux.

Du côté est du Nyanza, il traverse un ruisseau; bientôt
après ce ruisseau est rejoint par un autre, puis par un
autre, toujours par un autre; il court au nord, puis au
nord-ouest; cela devient une rivière; la rivière entre dans
le lac Victoria. Cette rivière n'est autre chose que le Nil
Blanc; l'autre Nil, le Bleu, comme on le sait, sort du lac
Tsana, en Abyssinie.

On aura sans doute bien compris que le centre de l'Afrique
est un haut plateau constellé de grands lacs d'où sortent les
grands fleuves de l'Afrique : le Nil, du lac Nyanza; le Congo,
du Bangouélo et du Tanganika; le Zambèze, du Nyassa.

Il faut entendre Stanley parler du Tanganika, qu'il a
exploré dans tous les sens, comme Cameron. Pour beaucoup
d'indigènes, c'est le lac sacré; on ne le regarde pas impu-
nément, il donne la mort!

Livingstone.

Et la légende du lac est curieuse; c'est comme un écho
des traditions primitives. Autrefois il y avait là, à la place
de l'eau, un grand peuple, une grande ville, de nombreux
troupeaux. On y remarquait aussi une source profonde qui
alimentait un petit cours d'eau, et dans la source se trou-

vaient de beaux poissons à la chair exquise et savoureuse,
dont les propriétaires, un homme et sa femme, se réga-
laient souvent, en ayant bien soin de n'en parler à personne.

Or, il arriva qu'un jour cet homme eut affaire dans le
pays voisin d'Ouvinzor; il partit en voyage en recomman-
dant bien à sa femme de ne laisser voir la fontaine et les
poissons à âme qui vive. Celle-ci jura de garder le secret, et
pourtant..., pourtant à peine son mari était-il parti, qu'elle
fit signe à un ami de venir dans son jardin et qu'elle lui
montra les poissons merveilleux. Pendant que tous deux
les regardaient avec ravissement étinceler au soleil, se
poursuivre, sauter, plonger, un craquement horrible se fit
entendre, la terre s'ouvrit et tout s'enfonça dans l'abîme!
La source coulait, coulait toujours, et elle coula tant qu'elle
remplit le gouffre tout entier. Le Tanganika n'aurait pas
d'autre origine. Quand le mari revint et qu'il trouva des
montagnes et un lac qu'il ne connaissait pas, il sut que la
source et les poissons avaient été regardés et que tout un
peuple avait péri par suite de la désobéissance de sa malheureuse femme!

Le dernier voyage de Stanley est connu de tous. Le
18 mars 1887, il part de l'embouchure du Congo. En
décembre, il arrive à Kavalli, sur le lac Albert, et, le
29 avril 1888, il prend contact avec Emin-Pacha, à la
découverte de qui il était parti. Il ne le trouvait que plus
d'un an après son départ.

Ils n'arrivent à Bagamoyo, sur l'océan Indien, que le
4 décembre 1889. C'est là que le pacha délivré tombe
malheureusement d'une fenêtre et se guérit difficilement
de cette chute.

Un mot seulement de nos deux compatriotes V. Giraud
et Trivier.

Parti de Dar-el-Salam, près de Bagamoyo, le 17 décembre 1882, l'enseigne de vaisseau Giraud dut escalader
des pentes escarpées et des sommets à pic, où les porteurs
de son bateau restaient quelquefois des matinées entières
à parcourir cinq cents mètres par des sentiers de chèvres,

comme on n'en voit pas dans les Alpes, et il lui arriva à plusieurs reprises de monter à 3 000 mètres sous la pluie ou dans la brume par des routes abominables. Il arrive dans un village où réside un chef puissant, et demande un emplacement pour camper.

« On ne campe pas, lui dit-on, tant que le *hongo* (tribut) n'est pas payé.

— Donnez-moi au moins un peu d'eau.

— Non, non! rien! le tribut d'abord! »

Et, sous un soleil de feu, il faut ouvrir les charges et acquérir, moyennant deux cent cinquante mètres d'étoffe, le droit d'avaler un verre d'eau!

Pendant la saison des pluies, la *massika,* celle où voyageait M. Giraud, le matin on marchait sous une averse continue; vers une heure commençaient des ouragans tropicaux; le tonnerre éclatait dans toutes les directions à la fois, au milieu d'éclairs et de bourrasques épouvantables, et, glacés sous ce déluge, les voyageurs, ne trouvant même pas un arbre pour s'abriter, grignotaient leur farine de manioc mouillée, ahuris, hébétés par ce furieux déchaînement des éléments.

Cependant notre compatriote traverse les montagnes du Nyassa, où il trouve les habitants perchés sur des sommets escarpés en grand costume de guerre, et il faut des heures de pourparlers avant de pouvoir acheter des vivres. Il arrive dans le Condé, arrosé par de nombreux cours d'eau, embelli par des villages très propres, des huttes gracieuses, coquettes, ombragées par des forêts de bananiers, un pays absolument pittoresque. Heureusement, car M. Giraud, sous les rafales de la massika, en était arrivé à un tel état de dépression, qu'il était presque décidé à abandonner son voyage.

Enfin l'explorateur est au lac Bangouélo (juillet 1883); il le visite en tous sens, reconnaît le Chambézi qui entre dans le lac, le Louapoula qui en sort, et il arrive sur la côte d'Ilala, où il trouve un chef qui lui donne des renseignements sur la rivière : « Tu iras loin, loin, dans le sud; là tu trouveras une armée de Méré-Méré, roi des Vouanssis, et qui te combattra; si tu lui échappes, tu iras mourir dans les cataractes. »

Renseignements trop exacts! il fallut compter avec ce Méré-Méré; M. Giraud fut son prisonnier, il dut lui abandonner des fusils, il dut s'enfuir non sans danger. Il arriva chez un autre chef puissant, Cazembé, sur les rives du lac Moéro; là aussi il eut à souffrir mille vexations, à abandonner ses fusils, de bons fusils de la manufacture de Tulle, modèle 1874, que le capitaine Trivier retrouva plus tard entre les mains d'un certain chef Kahounda (qui les tenait de Cazembé lui-même), lequel lui demandait tout bonnement quelques cartouches de fusil Gras, en plein cœur de l'Afrique, comme une chose toute naturelle. Il n'y a plus d'enfants! Il n'y a plus de nègres!

Bref, M. Giraud, fuyant toujours, arriva au Tanganika et finalement se vit abandonné de tous ses porteurs. Il fallut revenir du Tanganika à Quilimane (novembre 1884) par le Nyassa, le Chiré et le Zambèze.

Le capitaine Trivier, lui, fut plus heureux. Avec son ami Émile Weissemburger et ses deux Sénégalais Ali et Baba, deux noms des *Mille et une nuits,* mais deux noms honnêtes qui ne rappellent en rien les *Quarante Voleurs,* avec les subsides fournis par M. Gounouilhou, directeur du journal bordelais *la Gironde,* l'émule de M. G. Bennett, il part de Loango le 10 décembre 1888; le 6 janvier 1889, il est à Brazzaville. Trivier poursuit sa marche courageuse; il va de Stanley-Pool aux Falls (chutes de Stanley), où il arrive le 18 février; il rencontre le fameux Tippo-Tib, un Arabe esclavagiste avec qui tous les explorateurs ont à compter; c'est le véritable roi de l'Afrique centrale. Stanley, pour le gagner, l'a fait tout simplement nommer gouverneur des Falls par le roi Léopold.

Le 21 mars, Trivier est à Nyangoué; il traverse la province de Manyema, il va à Oudjidji, de l'autre côté du lac, où il trouve le sultan arabe Roumariza, qui, d'après les instructions de Tippo-Tib, l'empêche de prendre la route de Zanzibar.

Que fera Trivier? Il explorera d'abord le Tanganika; il ira

à Mpala, où il rencontrera la mission française des Pères blancs d'Alger et Mgr Bridoux, en tournée épiscopale; puis il ira au sud du lac à Fouambo, station des missionnaires protestants de la Société de Londres.

C'est pendant le séjour du capitaine à Fouambo que son compagnon Weissemburger disparut mystérieusement; on

Lac Albert-Nyanza.

sut plus tard, par les missionnaires, qu'il avait été assassiné par les indigènes dans les environs. Trivier traverse la région qui sépare le Tanganika du Nyassa; il descend le Chiré, rencontre le colonel Serpa Pinto qui guerroie contre les indigènes, et arrive le 1er décembre 1889 à Quilimane.

Quand on regarde une carte des missions catholiques d'Afrique, on reste confondu; le continent noir est partagé non seulement entre les puissances dont la souveraineté est souvent purement nominale, mais aussi entre les mission-

10*

naires. Vicariat apostolique du Nyanza, vicariats apostoliques du Tanganika, vicariat apostolique de l'Ounyaniembé, mission du Nyassa, vicariat apostolique du Congo indépendant.

Toutes ces missions, tous ces centres catholiques, à part la dernière qui est aux Pères belges de Scheut, appartiennent aux Pères blancs d'Alger, congrégation fondée par le cardinal Lavigerie en 1868. Ils s'étaient, dans le principe, occupés de la Kabylie, et même du Sahara et des Touaregs, qui en avaient massacré trois en 1875. Mgr Lavigerie les proposa au pape Pie IX pour la mission créée au centre africain : « Ils sont prêts à tout, disait l'archevêque d'Alger, même au martyre! »

Quatre jours après son élection, le pape Léon XIII ratifiait le projet de son prédécesseur, et dix Pères d'Alger partaient pour Zanzibar : cinq destinés au Tanganika, cinq au Nyanza.

Il faut lire leur journal de voyage publié sous le titre : *A l'assaut des pays nègres*. Ce sont des soldats, ces missionnaires; ils en ont tout l'esprit et toutes les allures, inspirés par une foi et une piété ardentes, une charité brûlante comme le soleil qui darde ses rayons sur leurs têtes. Ils vont allègrement à travers les mille difficultés ordinaires d'un pareil voyage : le climat, la brousse, les cours d'eau à traverser, les exigences des tribus riveraines de la route, l'abandon des porteurs de caravane; et ils vont, ils vont quand même, ne se doutant pas qu'ils sont des héros, comme les explorateurs; avec cette différence que ceux-ci passent et que les missionnaires restent. Adieu la douce patrie! adieu le foyer aimé et le regard ému d'une mère ou d'une sœur! adieu les habitudes et les usages connus! La patrie, désormais, c'est cette terre enflammée, ce soleil de feu, cette nature farouche, ces animaux sauvages et terribles, ces hommes égoïstes, grossiers, à l'aspect repoussant, aux instincts cruels, et l'apôtre va à eux pour les serrer dans ses bras et leur donner le doux nom de frères, en leur montrant une croix et un Évangile.

Il restera là, il y mourra! Plus de dix sont morts depuis le jour de la première caravane, et le premier, le supérieur du Tanganika, a été emporté par la fièvre tropicale avant d'être rendu à son poste.

Partis le 17 juin 1878 de Zanzibar, les missionnaires d'Alger étaient à Tabora le 1er octobre suivant; là ils bifurquèrent: les uns se rendirent dans l'Ouganda, au nord du lac Nyanza, où ils se trouvaient le 19 juin 1879; ceux du Tanganika arrivèrent à Oudjidji à la fin de janvier de la même année.

L'Ouganda, capitale Roubaga, royaume composé de quatre millions d'hommes, ayant à leur tête un souverain appelé *kabaka,* était déjà célèbre par l'intelligence et la beauté de ses habitants. Stanley, qui y passa à son premier voyage, dit : « Le peu que nous avions vu des mœurs et des coutumes des voisins suffisait à me donner la conviction que j'allais faire connaissance avec un souverain et un peuple extraordinaires. » Il instruisit le roi Mtésa, lui enseigna l'Évangile, et quand il partit : « Stammli, lui dit le roi, ne manquez pas de dire aux blancs que je suis comme un homme vivant dans les ténèbres ou comme un aveugle de naissance; tout ce que je demande est qu'on m'apprenne à voir; je resterai chrétien tant que je vivrai. » Grâce aux Arabes qui se trouvaient à sa cour, il professait alors un mahométisme mélangé de fétichisme.

L'Ouganda est un riche pays, très fertile, très industrieux et commerçant; l'administration y est bien constituée; l'empereur, ou *kabaka,* a une cour nombreuse; tous sont habillés élégamment et pratiquent la polygamie. Ils ont des traditions historiques : c'est un nommé Kintu, venu de l'Abyssinie, qui aurait fondé cet empire; il était peut-être chrétien, et les peuples attendent vaguement son retour; aussi les missionnaires furent-ils bien accueillis à leur arrivée.

Ce fut M. Mackay, de la Société protestante des missions de Londres, qui le premier vint s'établir dans l'Ouganda. Les Pères blancs le suivirent de près. Le roi voulut assister à une controverse religieuse entre les Anglais et les Français, et il se déclara après en faveur de ceux-ci. Il fit plus, il demanda aux Français de l'aider à obtenir le protectorat de la France. Mgr Lavigerie soumit le projet au gouvernement, qui déclina cette offre avec courtoisie, en envoyant au roi Mtésa trois cents fusils.

Cependant les missionnaires d'Alger opéraient de nombreuses conversions; Mtésa, effrayé, leur interdit la prédication, et il venait de les exiler dans le Boukumbi, au sud du Nyanza, quand il mourut. Mouanga, un de ses quarante fils, fut élu à sa place, et les missionnaires furent rappelés par lui; l'œuvre de la conversion du royaume entier allait s'accomplir, quand éclata une violente persécution, suscitée par les Arabes et le premier ministre du roi. L'évêque anglican Hannington, qui allait arriver, fut massacré sur les confins du royaume, et les nègres chrétiens donnèrent des exemples d'un courage héroïque.

Cent d'entre eux furent martyrisés. On put entendre Joseph Mkasa, conseiller intime du monarque, dire au bourreau qui allait lui trancher la tête : « Tu diras de ma part à Mouanga qu'il m'a condamné injustement, mais que je lui pardonne de bon cœur. Tu ajouteras que je lui conseille de se repentir, car s'il ne se repent pas, il aura à plaider avec moi au tribunal de Dieu. » Et un autre, s'adressant à Mouanga lui-même : « Adieu, je m'en vais là-haut, au paradis, prier Dieu pour toi! » Un autre enfin, fils du bourreau et parlant à son père : « Je connais la cause de ma mort : c'est la religion. Père, tue-moi! » On ne parlait pas mieux dans la primitive Église, au temps des Laurent et des Sébastien. Personne n'apostasia.

Enfin Mouanga revint à de meilleurs sentiments, et son peuple commença à se convertir en masse. M. Mackay était parti en confiant au P. Lourdel, missionnaire d'Alger, la clef de sa maison, pour la remettre au révérend Gordon, qui venait le remplacer. Celui-ci indisposa tellement le roi par son langage menaçant, qu'il fut jeté dans les fers et n'obtint sa mise en liberté que par la protection des Pères blancs. Les gouvernements français et anglais félicitèrent publiquement les libérateurs.

En 1888, Mouanga est renversé, et les missionnaires catholiques et protestants sont conduits dans la même prison, où ils se donnent des marques de la charité la plus

touchante; puis ils sont bannis de nouveau, et les Pères
d'Alger voient arriver un jour chez eux le roi Mouanga,
leur ancien persécuteur, qui vient leur demander asile. Le
roi recouvrait bientôt son trône et ses États, et en mai 1890
le cardinal Lavigerie recevait de lui une lettre témoignant
des sentiments les plus chrétiennement respectueux. On
peut désormais dire que l'Ouganda est un pays chrétien [1].

Pendant ce même temps, les missionnaires du Tanganika
s'établissaient au nord-ouest du lac, puis au sud sur les
deux rives, où ils sont aidés et protégés par le vaillant
capitaine Joubert, qui est véritablement devenu Africain en
épousant là une femme de couleur.

Quant aux missionnaires protestants, nous les avons rencontrés dans le nord au Nyanza; à Léopoldville, sur le
Congo, on trouve l'établissement des missionnaires américains, puis celui de M. Grenfell, supérieur de la mission
baptiste, puis, près de là, l'évêque Taylor avec huit missionnaires.

Les clergymen de la Société de Londres sont aussi sur le
Tanganika.

Le capitaine Trivier a été reçu pendant son voyage par
les protestants du lac Nyassa. Notre compatriote a pu constater la situation florissante de ces missions : « Il y a quatorze ans que je suis sur le Nyassa, lui disait le docteur
Laws, et malgré ce long séjour, je suis heureux, car je suis
payé de ma peine par le résultat acquis. » Le docteur
Laws avait douze cents élèves dans son école, et, dans le
courant d'une année, il donnait quelquefois ses soins à sept
mille malades.

---

[1] Tout récemment l'Ouganda a encore été agité par des événements déplorables, et par la faute du résident anglais. Le pays est à peine pacifié.

III

L'esclavage.

Plusieurs fois déjà, le nom d'esclavagiste est venu sous notre plume. Il y a donc des esclaves en Afrique? Oui, et c'est même là la plaie la plus honteuse du centre africain dont nous nous occupons. En quelques mots, nous dirons ce qu'est l'esclavage dans l'intérieur et comment on peut y mettre fin.

Pendant que l'esclavage américain tombait peu à peu, celui d'Afrique se développait dans des proportions déplorables, et c'est au moment où les grands explorateurs pénétraient dans l'intérieur avec les premiers missionnaires, il y a vingt-cinq ans, que les marchands esclavagistes y faisaient invasion eux-mêmes; ils venaient de l'Égypte et de Zanzibar.

Ces marchands sont généralement des métis issus d'Arabes et de noirs du littoral; musulmans de religion, ils se croient bien supérieurs aux pauvres nègres, appelés à les commander et à en abuser de toutes façons. C'est là du reste la loi du Coran : l'humanité forme deux races distinctes; l'une celle des maîtres, l'autre celle des esclaves.

Voilà le principe esclavagiste. Ajoutons que, pour ces horribles métis « créés par le démon », selon le proverbe africain, l'esclavage est aussi une nécessité; voici comment :

L'ivoire était, il y a vingt ans, d'une extrême abondance dans tout l'intérieur. Pour le transporter à la côte, après l'avoir acheté à vil prix, il fallait des hommes : on fit des esclaves, des porteurs esclaves; cela devint une habitude. Et quand l'ivoire fut rare sur les marchés du centre, on laissa les hommes pour rechercher les femmes et les enfants, car on les écoulait assez facilement à la côte et on pouvait les transporter, par les navires ou *daous* arabes, au Zanzibar d'abord, puis en Arabie, en Égypte, en Turquie, en Perse, au Maroc, partout où flotte l'étendard du Prophète.

Mais comment procèdent les chasseurs d'hommes? Comme les chasseurs d'animaux, en rabattant le gibier, car le nègre n'est pas au-dessus de l'animal!... Une troupe d'Arabes et de *rouga rouga* (brigands noirs) entourent les hautes herbes où les naturels se sont réfugiés et les incendient. Les noirs, qui sont dans leur village ou dans un lieu de refuge, fuient épouvantés de ce foyer ardent et tombent entre les mains des bourreaux, qui les tuent ou les prennent vifs et les enchaînent; le noir ne peut résister aux armes à feu dont sont munies les bandes esclavagistes. Alors commence la terrible odyssée des captifs; tout ce qui est pris est immédiatement entraîné vers les marchés de l'intérieur : Oudjidji et Tabora surtout.

Les esclaves sont à pied, bien entendu. Ils pourraient fuir : on les attache les uns aux autres par la ceinture, par les mains et par les pieds; sur leur cou, on place des fourches qui les relient entre eux, deux par deux; de plus, on les charge tous de ballots ou de lourdes défenses d'éléphant. On marche toute la journée. Le soir, quand on campe pour la nuit, on leur distribue quelques poignées de sorgho cru; le lendemain, à l'aube, il faut repartir. Et ils sont affaiblis par ce régime, ils contractent des maladies, ils sont couverts d'ulcères, de plaies vives! ils s'arrêtent épuisés, ils tombent... Le négrier s'approche, il veut ménager sa poudre; armé d'une barre de bois, il en assène un coup terrible sur la nuque de ses victimes, et c'est fini!

Mais non! ce supplice est trop doux et ne produit pas assez d'effet sur les autres, qui, hébétés, se laisseront mourir. Le négrier alors vient au malheureux qui s'est affaissé sur la route; il a un large coutelas à la main; il lui tranche un bras ou une jambe, et il jette ce membre pantelant dans la jungle qui s'étend à droite et à gauche du sentier, en disant : « Ceci, c'est pour le léopard, qui viendra t'apprendre à marcher! » Or, c'est le soir, la nuit arrive, et, avec elle, la promenade des grands fauves attirés par cet appât; ils viendront dévorer le reste, l'esclave vivant encore. Terrifiés, galvanisés par cette horrible perspective, les autres esclaves n'oseront se plaindre et reprendront leur marche lugubre, pour n'être pas exposés à subir le même et épouvantable sort.

Livingstone, le doux, intrépide et grand Livingstone, qui avait été pendant de longues années témoin de ces horreurs de la traite, s'écrie : « Quand j'ai rendu compte de la traite de l'homme dans l'est de l'Afrique, je me suis tenu très loin de la vérité, ce qui était nécessaire pour ne pas être taxé d'exagération; mais, à parler en toute franchise, le sujet ne permet pas qu'on exagère : amplifier les maux de l'affreux commerce est tout simplement impossible. Le spectacle que j'ai eu sous les yeux, incidents communs de ce trafic, est d'une telle horreur, que je m'efforce sans cesse de le chasser de ma mémoire, et sans y arriver. Les souvenirs les plus pénibles s'effacent avec le temps, mais les scènes atroces que j'ai vues se représentent, et, la nuit, me font bondir, terrifié par la vivacité du tableau [1]. »

Il mourra donc beaucoup d'esclaves avant d'arriver au marché. Cameron raconte que, pour se procurer cinquante femmes qu'il devait vendre, le métis portugais Alvez avait détruit dix villages inoffensifs, qui comptaient chacun jusqu'à deux cents âmes, et massacré tous leurs habitants. A ce compte, cela ferait deux millions de noirs mis à mort ou vendus chaque année, et, en cinquante ans, la dépopulation complète du centre africain.

Le même Cameron affirme que l'on vend cinq cent mille esclaves annuellement.

Enfin, on arrive sur le marché où ont lieu des scènes tout aussi odieuses. Les nègres sont parqués et exposés comme le bétail; on inspecte tour à tour leurs pieds, leurs mains, leurs doigts pour s'assurer des services qu'ils peuvent rendre. On discute leur prix, et, quand ce prix est réglé, les mal-

---

[1] *Dernier Journal de Livingstone.*

Une caravane d'esclaves.

heureux, séparés les uns des autres, le fils du père, la fille de la mère, appartiennent corps et âme à leur nouveau maître.

Le spectacle que présente en particulier le marché d'Oudjidji, sur le Tanganika, est affreux. C'est le théâtre de tous les crimes et de toutes les débauches protégés par la religion musulmane. Par suite des souffrances, des privations et des coups, bien des esclaves ressemblent à des squelettes vivants; ils se traînent péniblement à l'aide d'un bâton et ils viennent mourir dans le cimetière qui leur est réservé, espace inculte aux bords du lac. Dans ce cimetière, il y a des morts et des agonisants étendus côte à côte. Chaque nuit, les hyènes accourent et se chargent des sépultures; mais il est arrivé que, parfois, on voyait là un tel amoncellement de cadavres, que ces animaux ne suffisaient plus à les dévorer; ils étaient dégoûtés de la chair humaine!...

Voilà le mal. Où est le remède?

Le cardinal Lavigerie, archevêque d'Alger, fondateur de la congrégation des missionnaires qui évangélisent l'Afrique équatoriale, est venu, ces dernières années, prêcher la croisade, comme un nouveau Pierre l'Ermite; on l'a entendu successivement à Paris, à Bruxelles, à Londres même, où, aux applaudissements de tous, il a prononcé un long discours, dans un *meeting* présidé par lord Granville, ancien ministre des affaires étrangères d'Angleterre.

Selon l'éminent orateur, cinq ou six cents soldats européens volontaires, bien dirigés et organisés, suffiraient pour supprimer la chasse et la vente de l'esclave dans les pays qui s'étendent sur les hauts plateaux du continent africain, depuis l'Albert-Nyanza jusqu'au sud du Tanganika. En cela il se trouve d'accord avec le commandant Cameron, qui, dans une lettre adressée au cardinal, dit que les missionnaires peuvent travailler à ce but par la force morale, mais que d'autres doivent se servir d'armes matérielles. Une centaine d'hommes pourraient donc dominer par exemple le Nyanza; de même pour les autres grands lacs et quelques lieux placés sur les routes principales. Ainsi, on pourrait tenir en respect les trois ou quatre cents démons qui désolent l'Afrique intérieure et qui ne sont forts que parce qu'ils possèdent des armes à feu.

On demandait un jour à un esclavagiste comment il pouvait se lancer ainsi dans le cœur du pays et s'il ne redoutait pas les représailles de chefs, dont on le priait de dire les noms : « Le souverain de l'Afrique intérieure, répondit-il en montrant son fusil, c'est la poudre ! »

Donc, le cardinal requiert l'interdiction du port des armes à feu et celui de la poudre, aussi bien du reste pour les noirs que pour les métis arabes.

Ce serait une erreur, en effet, de trop compter sur l'alliance des noirs contre les musulmans; les malheureux nègres eux-mêmes, hélas! sont esclavagistes, et les intérêts des traitants se confondraient, en cette question, avec ceux des chefs et des hommes libres qui veulent avoir des esclaves.

Question difficile, au demeurant, que celle de l'abolition de la traite en Afrique! Le cardinal, en septembre 1890, le disait lui-même : « Le succès ne s'obtiendra pas sans doute en un jour, et un tel résultat, impossible dans ce délai sur une aussi immense échelle, ne serait même pas heureux pour l'Afrique, à qui des traditions tant de fois séculaires assurent en ce moment, malgré leur barbarie, une forme telle quelle d'état social dont la suppression subite la jetterait dans le chaos. Le mal serait encore plus grand qu'il ne l'a été jusqu'à ce jour [1]. »

Le capitaine Trivier l'a constaté : l'esclavage existe partout, aussi bien dans les possessions anglaises que dans les colonies françaises et allemandes; à plus forte raison chez les Portugais. Ce ne sont pas les blancs qui s'y livrent, certes! mais les noirs, tous les noirs de quelque importance. Eh bien, l'esclavage ne sera supprimé que lorsque l'Afrique sera sillonnée de blancs, de commerçants et de missionnaires qui répandront autour d'eux la civilisation et les idées pacifiques.

Il faudra du temps pour cela. Il faudra aussi faire cesser

---

[1] Discours de Saint-Sulpice.

le blocus de la côte orientale qui irrite tout le monde là-bas; il faudra faire la paix, se rendre absolument maître des côtes; en évitant la violence, les procédés hautains et tyranniques, la précipitation, les menaces, les exigences d'une administration tracassière. Il faudra construire des routes, des ponts, creuser des puits à l'usage des caravanes, établir çà et là des postes militaires qu'on reliera plus tard par des chemins de fer, comme le Transcaucasien.

Et la civilisation, partant de la côte, s'étendra à l'intérieur; l'influence et l'autorité des Européens seront substituées à celles des sultans arabes de Zanzibar et autres lieux, et les esclavagistes verront peu à peu leur fortune décroître. L'Afrique sera sauvée.

FIN

TABLE

JAPHET

LE PAYS DES MONTAGNES VERTES ET LE PAYS DU CIEL BLEU

SEM

AU CÉLESTE EMPIRE

CHAM

L'AFRIQUE ÉQUATORIALE

24417. — Tours, impr. Mame.

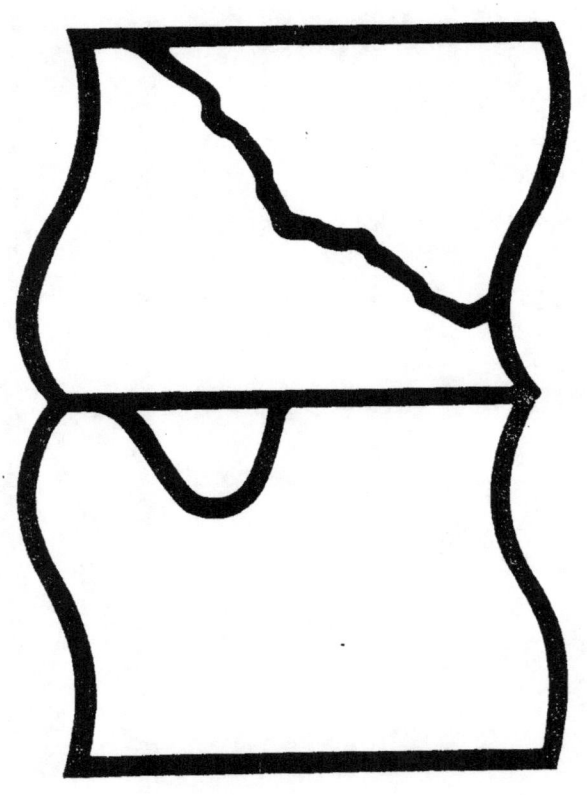

Texte détérioré — reliure défectueuse

NF Z 43-120-11